FASHION COLOR COLLECTION
服装配色宝典

李晓蓉　主编

化学工业出版社
·北京·

本书介绍服装色彩的搭配技巧，教给大家如何将"最具有感染力的配色方案"应用到服装的搭配中。本书包含丰富的色彩与款式的信息，提供500余款服装配色方案，以及100余款国际品牌服装的色彩应用实例，让读者轻松掌握服装色彩搭配技巧，并在阅读中陶冶审美情趣。本书既可作为服装设计专业学生的教材与服装从业人员的参考用书，又可作为广大时尚人士的穿衣搭配指南。

图书在版编目（CIP）数据

服装配色宝典／李晓蓉主编． —北京：化学工业出版社，2011.7（2021.2重印）
ISBN 978-7-122-11439-6

Ⅰ.服… Ⅱ.李… Ⅲ.服装-配色 Ⅳ.TS941.11

中国版本图书馆CIP数据核字（2011）第103170号

责任编辑：辛　田　　　　　　　　　　　文字编辑：冯国庆
责任校对：徐贞珍　　　　　　　　　　　装帧设计：尹琳琳

出版发行：化学工业出版社（北京市东城区青年湖南街13号　邮政编码100011）
印　　装：中煤（北京）印务有限公司
787mm×1092mm　1/16　印张13　字数340千字　2021年2月北京第1版第12次印刷

购书咨询：010-64518888　　　　　　　　售后服务：010-64518899
网　　址：http://www.cip.com.cn
凡购买本书，如有缺损质量问题，本社销售中心负责调换。

定　价：58.00元　　　　　　　　　　　　　　　　　　　版权所有　违者必究

前言

服/装/配/色/宝/典

我们每天的生活被各种色彩包围着。色彩具有奇妙的影响力，可以刺激我们的感官，并潜在地影响我们的情感。将不同的颜色根据服装的款式风格进行色彩模式的转换，在色彩的色相、明度、纯度的变化中，可以搭配出强烈醒目或优美柔和或表现不同文化特征的色调，给人以兴奋、愉快、恬静、优雅、庄重、华丽等不同的审美感受。色彩之所以那样迷人，就是因为既可以按常理去应用它，更可打破常规去表现它。

本书主要介绍服装色彩的搭配技巧，教给大家如何最大限度地活用色彩，解读色彩本身拥有的意义和信息，将"最具有感染力的配色方案"应用到服装的色彩搭配中。本书共五章。第一章：服装色彩搭配基本技巧，让读者从理论的角度了解色彩的基本原理，并掌握基本的色彩搭配技巧；第二章：各色系心理特征与配色，划分出10个色系区域，并提供每个色系中的代表色彩与邻近色、对比色、互补色的配色方案，读者通过对色彩综合搭配技巧的掌握，能够充分体会色相、色调的变化所产生的不同心理效果；第三章：各种意象与配色，围绕14个使用频率最高的意象主题提取配色图谱，并通过这些图谱进行服装意象配色；同时，根据各个意象的特点，分析国际知名品牌服装的经典案例，阐明使色彩表现力得到充分发挥的关键技巧，读者可以从中选择不同的色调来表现所需要传达的意象效果；第四章：肤色与服色，根据个人色彩体系的理论，找出适合不同人的服装色彩搭配方案；第五章：场合与服装，根据不同的场合介绍相应的配色方案。

本书包含丰富的色彩信息，提供500余款服装配色方案，以及100余款国际知名品牌的色彩应用实例，让读者轻松掌握服装色彩搭配技巧，并在阅读中陶冶审美情趣。本书既可作为服装设计专业的学生以及服装从业人员的参考用书，又可作为广大时尚人士的穿衣搭配指南。

本书由四川大学副教授李晓蓉主编。法国品牌YVES DORSEY买手，《瑞丽服饰美容》、《外滩画报》驻巴黎特约记者施小乐参与编写第三章的国际服装品牌意象色彩分析。四川大学研究生刘珺婉、吴西子、张家鑫参与了部分服装效果图的绘制。在此，对给予本书支持的人士表示衷心感谢。

由于编者水平有限，不足之处在所难免，恳请广大读者批评指正。

编 者

目录

服/装/配/色/宝/典

第一章 服装色彩搭配基本技巧

一、色彩系统解析 /2

二、色彩搭配技巧 /11

第二章 各色系心理特征与配色

一、黑色系服装/权威、低调、内敛 /26

二、白色系服装/纯洁、善良、信任 /30

三、灰色系服装/正派、诚实、温和 /34

四、红色系服装/热情、积极、喜庆 /38

五、橙色系服装/开朗、活力、亲切 /44

六、黄色系服装/注目、可爱、淘气 /50

七、绿色系服装/清新、温和、环保 /56

八、蓝色系服装/理性、认真、诚实 /62

九、紫色系服装/高贵、神秘、梦幻 /68

十、棕色系服装/自然、舒适、稳定 /74

第三章 各种意象与配色

一、优雅 /80

二、活力 /86

三、可爱 /92

四、华丽 /98

五、休闲 /104

六、古典 /110

七、清新 /116

八、温馨 /122

九、快乐 /128

十、梦幻 /134

十一、干练 /140

十二、稳重 /146

十三、神秘 /152

十四、民族 /158

目录

服/装/配/色/宝/典

第四章　肤色与服色

一、找到适合自己的色彩类型　/166
二、不同色彩类型的适合色搭配　/168

第五章　场合与服装

一、礼服　/186
二、约会装　/188
三、上班装　/190
四、休闲装　/192
五、职业装　/194
六、工作服　/196
七、家居服　/198
八、运动休闲装　/200

参考文献

第一章
服装色彩搭配基本技巧

将两种以上的色彩并置在一起，产生新的视觉效果，称为"色彩搭配"。服装的色彩搭配，主要指上下装、内外衣以及它们与服饰品的搭配组合关系。我们有能力将它们作适当的安排，使服装在整体视觉上形成美好而调和的色调感。配色的能力与技巧，可以通过训练与经验来获得及提高，虽然很多人依靠色彩感觉来配色，有时也能搭配出很好的视觉效果，但对于每一个专业的服装工作者而言，认识并理解服装色彩搭配的基础理论，应视为重要而且必须的研究课题。

一 色彩系统解析

1. 色彩的由来

我们生活在一个五彩缤纷的世界里，无论走到哪里，都能看见世界的奇光异彩，那色彩是一种怎样的微妙事物呢？它是怎么显示的？为何白天是形色斑斓，而夜晚又形色难辨了呢？倘若有灯光的照射，却又能分辨形色了呢？究其原因，一切都源自光的传播。

对于色彩的现象及运用研究，千余年前的中外先知们就开始关注。自17世纪的科学家牛顿真正给予揭示后，色彩逐渐成为一门独立的学科。

光与色的关系

光与色的关系（太阳光经三棱镜分解成单色光的情形）

规律表明，色彩的发生是一种涉及光、物体与视觉的综合现象，可以说无光便无色。1666年，牛顿进行了著名的色散实验，以三棱镜分解太阳光，发现看来无色的光线，经过三棱镜时，依其波长及折射的关系，可分成红、橙、黄、绿、蓝、靛、紫各色，即光谱色。它是一种连续性的色带，各色之间是逐渐融合变化的，其中靛为暗蓝色调，较不明显，因此光谱色一般都省略为六色。

光是电磁波的一种，人的肉眼能看到的范围非常有限。光以波动的形式进行直线传播，具有波长和振幅两个物理特征。波长的不同决定色相的差别，振幅的强弱变化产生同一色相的明暗差别。人类可以看见的光线——即可视光谱，大致分为短波长、中波长、长波长。波长长的偏红色，波长短的偏蓝紫色。在短波长和长波长以外，还存在着紫外线和红外线的波长域。

光与物体色的关系

我们能够看到物体的色彩，乃是物体反射的光以色彩的形式的感知。物体受光后，吸收了一部分色光，又反射出一部分色光。被反射的色光，作用于人的视网膜，使人产生相应的色彩感觉，这就是我们肉眼所看到的该物体的颜色。系列实验证明，一个物体的色彩并非本身固有，而是对于色光的不同吸收和反射的性能所造成的。光的改变可以影响物体的颜色。如果一个物体几乎能反射阳光中所有的色光，那么该物体就呈现白色；反之如果一个物体几乎能吸收阳光中所有的色光，那么该物体就呈现黑色。同理，如果一个物体只反射波长为700nm左右的光，而吸收其他各种波长的光，那么这种物体看上去则是红色的。

光、色关系的发现，科学地揭示了色彩的原始本质：色彩不再是天空、树木、田野或肌肤的标记，它是宇宙中存在的一种高速运动的物质能量的样式。色彩是以色光为主体的客观存在，而对于人则是一种视像感觉。色彩感觉的产生基于三种因素的作用：一是光；二是物体对光的反射；三是人的视觉器官——眼。

❷ 色彩的分类

色彩是人们日常生活中不可缺少的一种视觉感受，具有最通俗、最普遍的一种形式美。到目前为止，存在于我们生活周围的色彩，其总数达数万种以上，我们不可能一一命名，为了在认识和使用上更为方便，我们必须对这些数不尽的色彩，做一个系统的分类与整理。

根据惯例，色彩可分为无彩色与有彩色两大类。另外，还有一类为独立色，即金色与银色，具有不可替代的独立性。

"无彩色"——即黑、白以及由不同量的黑与白混合成的无数种灰。

"有彩色"——是由原色、间色和复色组成。

原色——是指除本身的固有色外，不能用其他颜色混合而成的颜色。用原色可混合出其他色彩。现在大家都知道原色实际上有两个系统：一个是光的三原色，即朱红光、翠绿光、蓝紫光，高艳度的三原色光投射在一起得到白光；另一个是色料的三原色，即品红（紫味红）、黄（柠檬黄）、湖蓝（绿味蓝），高艳度的色料三原色混合得出黑色（实际为深灰）。

间色——是指三原色中任何两色调和后产生的三种颜色：橙（红+黄）、绿（黄+蓝）、紫（蓝+红），称为三间色。

复色——是指原色与间色、间色与间色以及有色彩类各色与黑、白、灰混合而产生的各种颜色。

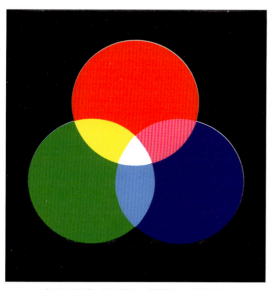 

色光三原色（朱红光、翠绿光、蓝紫光）　　　　色料三原色（品红、柠檬黄、湖蓝）

❸ 色彩的三属性

色彩的三属性是讨论色彩所必然要接触的基本概念。物理学和色彩学研究中，将这三者用具体数据去测定。而服装设计者，更重要的是用自己的感觉去理解、区别和运用它们。

色相

色相指色彩的相貌、样子，用以区别各种不同色彩的名称。色相的范围相当广泛，除无彩色的黑、白、灰以外，红、橙、黄、绿、蓝、紫六色，通常用来当作基础色相。色相是区分色彩的主要依据，是色彩的最大特征。

色彩的称谓有多种区分方法，以动物命名的有孔雀蓝、鹅黄、象牙白、驼色等；以矿物质命名的有金色、银色、古铜色、铁灰等；以大自然命名的更为常见，如水蓝、湖蓝、土黄、土红等；还有根据植物色彩而来的名称，如杏黄、橙红、苹果绿、橄榄绿等；我们所熟悉的国际流行色协会每年发布的赋有象征性、充满意境、抒情的名词，如茄红色、珊瑚橙、糖果粉、中国红、青花蓝等。

色相变化（红、橙、黄、绿、蓝、紫通常用来当作基础色相）

明度

明度指颜色的明暗程度，明度是全部色彩都具有的属性。

在无色彩中，从白色到浅灰、中灰、深灰，直至黑色的整个过程，是划分由明至暗的色彩明度的基准。最强烈的明暗对比是白色和黑色，它们中间包含着无数等级的灰色。

在有色彩中，也有明度差别。如黄色最亮，蓝紫色最暗。红、橙、黄、绿、蓝、紫各纯色，按明度关系排列起来可构成色相的明度秩序。任何一个有彩色加白或加黑都可构成该色以明度为主的系列。在服装上，我们常把颜色的明度说成是颜色的深浅。色彩深一些，就是明度低；色彩浅一些，就是明度高。

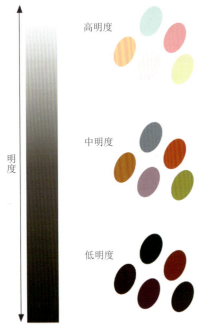

明度的变化（无论是无彩色还是有彩色，明度越高色彩就越浅越亮，明度越低色彩就越深越暗）

纯度

纯度指每一个颜色的鲜艳程度，又称饱和度或彩度。对无色相感的无色彩黑、白、灰来说，只有明度的差别，鲜艳度为零。而有色彩类颜色不仅有明度、色相的差别，还存在鲜艳度的差别。最纯、最鲜艳的颜色是光谱中分析出来的红、橙、黄、绿、蓝、紫，但这些色相所能达到的纯度也是不同的，其中红色的纯度最高，绿色的纯度相对低些，其余色相

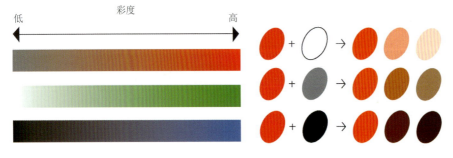

纯度的变化（向纯色中加入黑、白、灰色，其明度发生变化的同时，纯度也会发生变化）

居中。

这些色相无论加上黑色、白色或灰色，其纯度都要减弱。混入的黑、白、灰以及补色越多，纯度降低的也越多。纯度降到最低就会失去色相，基本上就变成无彩色。所以，即使是同一色相，当纯度发生了一定的改变，其色彩的特征也会随之改变。在服装方面，纯度高的色彩给人华丽的印象，而纯度低的色彩会给人朴素的感觉。

4. 色彩的空间体系

为了研究及运用色彩上的方便，必须将色彩按一定的规律和秩序排列起来。

色相环

我们把原色和间色按光谱顺序排列：红、橙、黄、绿、蓝、紫，然后将红色与紫色相接，封闭成一个圆环，就成为色相环。三原色和三间色成为色环上的主要成员，在这些颜色间隙里再加入复色，便扩展成12色、24色、36色等更加丰富的色彩。连续的整个色环，构成了一个非常和谐的色阶。

人们发现，色相环并非随意形成的，相互间存在着严密的关系。三原色中任何一种原色都是其他两种原色之间色的互补色，也可以说，色相环上的每个色，都可以在180°的对面找到它们的互补色。另外，在色相环中，我们称相距90°以内的色彩为类似色，相距120°左右的色彩为对比色。位置相近的色彩组合容易显得协调，位置相距远的色彩组合容易给人对立的印象。

12色相环（在色相环中，取任何一个色为基色，在不同的位置排列着此色的类似色、对比色、互补色。组合在一起的色彩，根据在色相环上距离的远近给人的印象会有很大的差别）

色立体

色立体是立体式的、能体现色彩三属性变化规律的色标模型，它借助三维空间来表示色相、明度与纯度的概念。色立体为艺术家提供了成百上千块按次序排列的颜色标样，好似一部"色彩大词典"，可以拓宽用色视域，创造新的色彩思路。

标准的色立体以地球仪为模型，色彩关系可以用这样的位置和结构表示：球体外表表示纯色相环，由于色相本身具有明度特征，可以发现纯度最大的黄色偏向北半球，而纯度最大的紫色偏向南半球，红色则位于赤道线上；球中轴为无彩色系的明度序列，南极为黑，北极为白，轴中间为中灰色。从上至下明度由高变低；从球表面的任何一点到中心轴的垂直线，表示着色彩的纯度序列，就是每一种纯色与这一点上的这种无彩色混合后，明度不变，但纯度由强变弱直至消失；球体外表上的任何一个纯色随中轴上下移动时，其纯度、明度都在发生变化；与中心轴垂直的圆直径两端表示补色关系。这样，我们所需要的所有颜色都可以在色立体上找到其位置，而且它们的三属性之间的变化关系也都一目了然了。

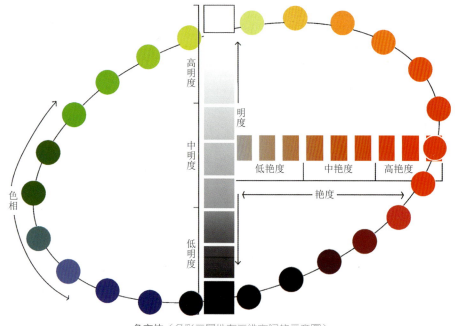

色立体（色彩三属性在三维空间的示意图）

⑤ 色彩的心理效应

色彩有各种各样的心理效应与情感效应，我们观看色彩时，会产生各种感受与遐想。虽然因为国家、地域、年代和性别的不同会有一些差异，但色彩包含的感情中有着人类共通的部分。感情有主观的"好恶"或者是"快与不快"，其差异很大。但若是做试验让许多人去观看同一色彩，也会得到许多共同的感觉，我们虽然不能据此认定这种色彩一定会引起某种感觉，但可大约了解这种色彩的感觉倾向。另外，有些感觉则不带情绪性反应，如寒暖感、轻重感、膨胀收缩感等。

色彩的识别性

色彩的识别性是指色彩看起来的清楚程度，识别性的高低与主题和背景的色相差、明度差以及纯度差有关。服装色彩的视觉识别功能是要求在特定的场所和位置，具有较强的可视性，易于识别，以达到安全及求援等目的。如登山服，公路、铁道养护人员、救护人员的服装，以及雨衣、学生帽等均应选择和背景对比最强烈的色彩。一般来说，暖色注目性较高；冷色注目性较低。

色彩的冷暖感

不同的色彩对象具有或暖或冷的温度感，既有生理直觉的因素，亦有心理联想的因素。如果我们将色环分成两半，一半是红－红橙－橙－黄，另一半是蓝－蓝紫，前者称为暖色系统，因为它表现了火焰、阳光等灼热物体的颜色，给人温暖、积极的感觉；后者称为冷色系统，因为它表现了水、冰、金属等冷体的颜色，给人冷静、消极的感觉。而介于寒暖之间的绿色和紫色，给人平和的感觉，又称中性色。

我们知道，色调之间的冷暖性是相对比而存在的，它们是依附于色相、明度与纯度三要素而产生的综合反应。以红色为例，因明度的改变会产生不同的寒暖感，如粉红色的温暖感较鲜红色大为降低，并有转趋凉快的倾向；而暗蓝色则寒冷感比鲜蓝色减少，浅蓝色比深蓝色更具寒意感。紫红色相对于红色来说是冷色，而相对蓝色却是暖色。黄色相对红色是冷色，相对蓝色又是暖色。

另外，黑、白、灰本是无彩色，但是它们与有彩色尤其是纯度高的色彩放在一起后，亦会产生冷暖感觉。如靠近蓝色的灰色有暖的倾向，靠近橙的灰色有冷的倾向。又如靠近黑色的一切暖色，都会显得更加暖；但冷色靠近黑色却失去了光泽。靠近白色的冷色会使人感到更冷，而暖色靠近它就不那么暖了。看来，黑色可以使邻色更暖，白色却能使邻色更冷。

色彩的轻重感

不同的色彩对象具有或轻或重的分量感。轻重感是人的最普遍的知觉概念，如接近黑、深灰、深褐等深色会联想到煤、铁等具有重量感的物质，而白色等浅色会联想到白云、雪花等质地轻的物体。通常情况下，明度越高感觉越轻，明度越低感觉越重。色相的轻重次序排列为白、黄、橙、红、中灰、绿、蓝、紫、黑。暖色系的色彩感觉较重，寒色系的色彩感觉较轻。另外，颜料中的透明色比不透明色感觉轻。

在设计中感觉轻的色彩虽有轻快感，但为保持视觉平衡，可适当加进一些深色；反之，感觉重的色彩却给人稳重、深沉或者沉闷、压抑之感，配色时可适当加点亮色。

色彩的柔硬感

色彩能使人看起来有柔硬感，这种感觉主要来自于明度与彩度的差异。一般来说，感觉柔和的色彩，通常是明度较高、彩度较低的颜色；相反，使人感觉坚硬的色彩，通常都是明度较低的颜色。在无彩色中，黑色和白色具有坚硬感，灰色具有柔和感。有彩色中的寒色有坚硬感，暖色则有柔和感。

色彩的胀缩感

一般而言，浅色或者纯度较高的暖色具有扩散性，看起来比实际大些，称为膨胀色；而暗色或者偏黑灰的冷色则有收敛性，看起来比实际小些，称为收缩色。颜色的膨胀与收缩，以明度的高低影响最大。这是人对色彩产生的另一种心理错觉。这种色彩错觉在服装上对调节人的体型有重要作用，往往被大加利用。大多数人都有这样的认识：胖人不宜穿太浅、太明亮的衣服，瘦人不宜穿太深、太暗的衣服。

另外，为了改观人的外形，服装的配色可在需要强调和扩大体积的部位采用膨胀色，而在需要减弱及缩小体积的部位采用收缩色，这样人的外形看上去则较为匀称。譬如，有的人臀部过大，就应该避免穿色彩过浅过艳的裙、裤。

色彩的奋静感

不同的色彩对象能使人的视觉产生或兴奋或安静的感觉，并引起相应的情绪反应，我们称为色彩的奋静感。暖色、高纯度色和强对比色调，刺激性强，令人兴奋，如长时间地注视红或橙红色会有眩晕感；相反，大多数冷色、低纯度色和弱对比色调对视网膜及心理作用较弱，给人镇静的感觉。色彩的奋静感与色彩氛围和意境有紧密的关系，色彩的奋静感是服装主题与色调表现的重要因素。

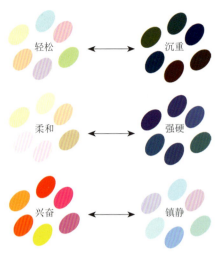

色彩的各种心理效应

色相的视错觉

服装色彩的对比，在视觉上常会出现出乎意料的效果。当两种色相共处时，常会由于补色作用使各自的色调与其本来的面目不同。如红色与橙色相处，红色就偏紫，橙色就偏黄；红色与绿色共处，红色更红而绿色也更鲜明；红色与白色相处，红色变灰，白色倾向于绿色。

所以，在具体的配色实践中，为加强色彩效果，我们要利用好这种视觉差。例如，肤色黝黑偏黄的人虽然不宜用大面积的紫色，却可以缩小紫色的面积，并用其他颜色将紫色与肤色隔离开来。同样，一个脸色黑红的人虽然不宜穿用草绿色的衣服，如若喜欢绿色调，可以选用黑色和棕色成分更多的墨绿色或蓝绿色，也可取色调隔离法。

6. 色调

所谓色调是指色彩的总体面貌，它给人以鲜明醒目的第一印象。如红色调或绿色调、纯色调或灰色调、明色调或暗色调等。就像音乐一样有小夜曲、进行曲、咏叹调等，表达不同的主题意境。一件服装的主色调也能表现出不同的情感，有些显得轻松愉快，有些显得典雅柔和，有些显得热情奔放，有些则使人感到抑郁沉闷。正是这些不同的感觉迅速触及人们的心灵与情感，使人受到感染。所以，可以说色调就是情调。

色调（通常我们在整理色调时，一般都使用色相面做明度阶与彩度阶的变化来表述。如由纯色加白的调子有粉色调、浅色调。由纯色加灰的调子有浅灰色调、浊色调。由纯色加黑的调子有深色调、暗色调）

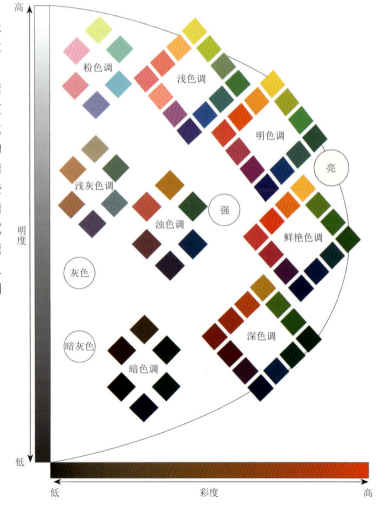

色调与色相、明度、纯度、面积、位置等诸多因素相关，色彩之间千变万化的效果，实在难以整理。若以色彩的一个因素起主导作用，色调也就倾向这一因素。

色调的种类很多，通常有以下类型。

以色相分类有：红色调、黄色调、蓝色调、橙色调、绿色调、紫色调。

以纯度分类有：纯色调、灰色调、浊色调。

以明度分类有：亮色调、中间色调、暗色调。

以对比度分类有：强对比色调、中对比色调、弱对比色调。

7. 流行色

流行色又称时髦色、时尚色。它是指在某一个时期逐渐盛行起来的色彩。这种色彩不是单独孤立的一个或几个色相，往往是以具有联想的若干个组群的形式呈现的。这种色彩情调，能在特定的、具体的生活环境中使人产生美感。例如：由深翠绿、黑紫、棕色、深月蓝组成的"森林色"。流行色的魅力在于代表季节的新鲜感，它是冲破习惯的色彩应用规则而组合起来的新色调，具有推动产品更新、指导消费、刺激商品竞争的特点。

"流行色"这个名词，虽非专指服装在色彩上的流行变化，但在服装界它是被引用得最为普遍的一个色彩名词。每年流行色由国际流行色委员会研究、公布后，几乎所有全球著名的布料产生商、服装设计师或品牌都依据流行色样积极敏锐地打造下一季的产品。对于一些区域性的设计师，或以内销市场为主的品牌，往往是在市场上色彩繁杂的布料色彩中，挑选与流行色接近，或能够与流行色搭配的色调，以符合各地的需求。

8. 服装配色方法

主色配色

所谓"主色"是指处于支配地位或明显占优势的颜色。在围绕主色进行配色时，主色所具有的特征将作为共通的特征统一整体配色。具体而言，主色配色既可以是同一色相的色彩搭配，如红色配粉红色、藏青色配浅蓝色等，又可以是以一种注目性高或面积较大的色彩为主，搭配少量对比的或灰性的色彩，并不改变"主色"的支配地位。主

以红色为主色的配色

以低明度、低纯度为主色调的配色

色配色可以制造出具有整体感的配色,也可以说它是配色的基础。

主色调配色

主色配色是由一种特定的颜色统一整体配色,而主色调配色则是由一种特定的色调统一整体配色。也就是说,主色调配色不会限定以某种颜色为主色,而是使所有颜色都属于同一种色调。即使颜色差别比较大,但只要属于相同的色调,组合起来也可以给人一种统一的印象。如浅色调、亮色调等比较浅或淡的颜色,以及深色调、暗色调等深或暗的颜色,即使色相相差甚远,只要同属一种色调,就可以给人一种统一或共通的感觉。因此,主色调配色的方法在时装界得到了广泛的应用。

自然色彩与人文色彩

作为设计的色彩学习,对自然的感悟和人文精神的理解,是我们首先要学习和研究的对象,是我们通向设计色彩的一座"桥梁"。色彩时时刻刻都充满在我们的视野,自然界的春华秋实、朝霞碧海、冷月烈日无不具有迷人的色彩。同样,我们观察都市建筑外观、街道景色、人们的服饰、超市里琳琅满目的商品,感到它们的色彩是如此的迥异,就像每个国家的历史和传统各不相同。各民族的色彩象征寓意和审美意识都多姿多彩、彼此不同。

自然色彩与人文色彩都属于色彩现象的范畴,它们蕴藏着最丰富的配色关系,是人们取之不尽、用之不竭的"最佳"色调组织或配色源泉。为什么巴黎的时装舞台能够引领全世界的时尚脚步,究其原因,是那里的设计师们能够坚持从设计源头寻觅原创的素材,并提炼运用于服装设计中,而不是步他人之后的东拼西凑。因此,设计的生命是原创。

大自然中花卉的色彩

大自然中动物的色彩

色彩在建筑物上的运用

色彩在工艺品上的运用

灵感来源于蝴蝶花纹的高级时装

10. 各种意象与配色

构成意象的要素有色相、材质、形态、肌理等，但尤以色彩对意象的表达最为突出。人们从纷繁复杂的自然色彩或人文色彩中产生出视觉的快感，传递出内心的感受，如清新、自然、热烈、温馨、古典等。我们可以通过"读图法"对自然色彩与人文色彩进行解读分析。"读"即"看"，首先解读和分析被看物象的主要色彩关系及色调特征，其次提取并排列配色图谱。最后，对该物象的色谱进行打散重构，完成同谱同调、同谱异调、异谱异调的配色组合。这种特定色彩组合所构成的多变性，让大家学会如何观察色彩、感受色彩、应用色彩，去设计更富于创新意味的色彩搭配形式。本书第三章就是按照这样的方法来进行的色彩搭配。

色彩搭配技巧

1. 对比与协调的关系

色彩的审美价值来自于对比，单纯的一种色彩并没有美不美的问题，一种颜色总是与其他颜色，与其所处环境以及人体的肤色相比较而获得美的意义。

服装配色的手法很多，但无外乎对比与协调两大类。人的色彩感觉是通过色彩间的各种对比产生的。没有色彩对比，就没有色彩美。不信你看，颜色的深浅、浓淡、冷暖感，不都是以对比的形式存在的吗？协调并不是对比的对立面。它们的关系犹如织布的经线与纬线，两者相互依存缺一不可。只不过有的服饰搭配强调对比，其效果显得强烈而活泼，有的强调协调而感觉静谧和安详。协调就是把相异的色彩按美的规律组合到一起，使之产生秩序和韵律。

在服装色彩的搭配中，相同的色彩在一起很容易达到协调的效果，但如果过分相近而缺乏对比因素，色彩就会呆板、乏味；相反，也不要认为色彩越多越丰富，如果只讲对比，缺乏统一的因素，也会导致杂乱无章，没有秩序。要使强烈的色调具有协调美，或者要在很协调的色调中找出微妙的对比关系，两者都是很难的，需要我们有驾驭色彩美感的艺术修养。

2. 色相配色

在服装配色效果中，色相是最强烈、最直接也是最出效果的调子。各色相由于在色相环上的距离远近不同，形成了不同的色相对比。在色相环中，任何一个色相都可以为主色相，与其他色相组成类似、对比、互补的关系。

同类色的配色

在色环上处于5°以内的色相，都是彼此的同类色。在同一色系中，我们经常将颜色本身以不同的明度、纯度变化来搭配色彩间的关系。例如：红色系有暗红－深红－鲜红－浅红－淡红。这种搭配因为是同类色的组合，色彩在明度、纯度上形成递进效果，故有雅致、明快、协调的感觉。同类色的配色可说在所有配色技巧中是最容易掌握的，不管是两色或多色的搭配，它永远都是稳定保险的配色。色阶差距小有柔和感，色阶差距大则具活泼感。

红色的同类色组

红色的明度渐变构成雅致明快的感觉

但同类色的配色因色感的相似性,因而易引起"乏味"。为了避免服装色调的单调感,须借助明度、纯度的对比变化来弥补色相感的不足。另外,在同一色系中,为了使得色彩变化丰富,还可充分利用不同服装材质肌理的差异性,造成对比感,如面料有光与无光的对比,粗糙与平滑的对比等。

由黄绿色构成的魅力设计

红色的类似色组

黄色和绿色组合的青春可人的设计作品

类似色的配色

在色环上处于90°以内的色相，都是彼此的类似色。类似色的搭配属于较容易调和的颜色，主要是靠相互间共有的色素来产生调和的作用，如黄－黄绿的共同色素是黄，而蓝绿－蓝－蓝紫的共同色素是蓝。其对比效果比同类色的搭配丰富、活泼。因而既显得和谐、雅致又略有变化，如改变类似色相的明度、纯度可构成许多优美、和谐的色彩关系。如果你要在类似色对比的柔和气氛中，增加一些明快的气氛，加入小面积的对比色作点缀，效果马上就显现出来。

多层次的蓝绿色与暗紫色的搭配作品

对比色的配色

指在色环上相距120°左右的色相,都是彼此的对比色。对比色的配色是色相差较大的配色,形成色相的较强对比。如蓝-红、黄-红、橙-绿等,对比效果鲜明、强烈,具有饱和、华丽、活跃的特点,易使人兴奋、激动、达到新奇效果。但处理不好又极易产生刺目、杂乱感。如果对比色相的纯度彼此过高,而且面积均等,易产生不调和的感觉。可以在面积上进行调整,提高或降低部分色相的明度和艳度,都能产生调和的效果。也可在服饰品(腰带、包袋、拉链等)中加入无彩色,以减缓其对比的强度,达到协调的效果。

高纯度的黄色与红色奏响了欢乐的乐章,加入无彩色的黑色以及小面积紫色的对比产生别样的效果

蓝色与浅粉红色的搭配效果突显雅致

互补色的配色

在色环上相距180°左右的色相，都是彼此的互补色。互补色的搭配是色相环中距离最远、对比最强的色彩。如红－绿、黄－紫、蓝－橙，其色调变化多端，这种搭配效果如同熊熊烈火般燃烧的"激情"，能够激发出强烈的色彩感。运用强对比的互补色搭配虽然很具有冒险性，但互补色的调和又是美感度很高的配色，尤其是互补色能达到一种令邻近色望尘莫及的、活力四射的效果，在服装的配色中运用非常广泛。

色相环中的补色关系图

互补色搭配得好，有明朗、活跃、华丽等感觉；反之，颜色间会相互排斥，产生格格不入的感觉。因此，要遵循"对比中见调和"的用色原则。在服装配色中，凡是两色面积相近时，其对比效果强，如果将其中一色面积缩小，统一感就会增强；如果将补色中的一方或双方降低纯度或提高明度，都会减弱双方的色彩对比；为避免补色的直接冲突，还可在色环上选择邻近互补色，如朱红与黄绿，蓝绿与玫红的搭配，可以使互补色双方在对立中统一，达到最大化的视觉满足。另外，对于互补色的运用也可采用色相（包括明度、艳度）渐变和推移的方法，使补色逐渐接近和过渡到对方，达到调和。再者如果补色采用无彩色的黑、白、灰、金、银这"五大补救色"作底色或隔离色，对比也会大大减弱。世界上许多民族服装就大量使用了黑色、深蓝色、深褐色等暗色与鲜艳的色彩做对比，成为服装的色彩搭配中无彩色与有彩色搭配的最佳范例。

作品配置了蓝色与橙色、黄色与紫色两组奔放色彩，但通过大面积的黑色协调，整体效果达到了视觉的平衡

面积相当的绿色与红色对比的设计作品：黑色内衣与腰带色的间隔起到缓冲作用

黄绿色与紫色的搭配传递出女性的知性与优雅

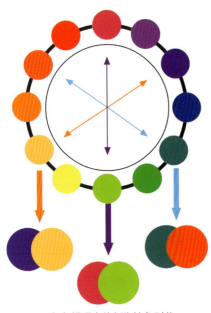

另外，对于互补色的运用，如果我们的眼光只停留在"红配绿"、"黄配紫"、"蓝配橙"这三组由原色与间色构成的互补色关系中，其视觉效果难免贫乏。要知道，当把色相环数量扩大到12、24、48，补色的对儿就会多起来，同时色彩感也就丰富起来。12色色相环中新生的补色对儿与前面的补色对儿相比，感觉完全不同。

③ 明度配色

色彩的层次、体感、空间关系主要靠色彩的明度对比来实现。由于色相的遮蔽作用，通常明度的存在感甚至无法从表面察觉到，因此我们也把明度称作"色彩的骨骼"。如果说色彩的互补色或者邻近色是色彩的外部属性，那么明度就是色彩的内部属性。无论是多么华丽，多么令人羡慕的色相，不考虑明度就无法达成和谐的关系，如红与绿这对互补色的搭配，两种颜色的明度非常相近，如果不对其明度进行调节便直接使用，就会显得庸俗不堪。当我们把红色稍微调亮点或把绿色稍微调暗点，气氛顿时改变。亮与暗，虽然都隐藏在色彩的背后，却是色彩搭配中的决定性因素。

12色色相环中的新生补色对儿

黑色与白色之间的明度渐变

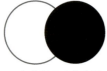   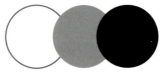   

明度差异最大的情况　　明度差异较平均的情况　　明度差异较小的情况

以明度为主的配色，包括无色彩系与有彩色系的明度变化。明度基调是由色彩的明暗变化产生的，随着明度关系的不同，色彩给人的印象或者营造的气氛也会千差万别。

高明度的配色

高明度的配色又称高调，以明亮的色彩为主，如白、高明度的灰、浅粉、浅黄、浅紫、浅绿等色彩。艳色混入白色后成为高明度色彩，也因含有白色大大缓和了对比效果。这种明亮的色调给人的感觉是轻柔、明朗、娇媚、纯洁、优雅。它们常被认为是富有女性感的色调。如运用不当会使人感觉疲劳、冷淡、柔弱、病态。所以，高明度的配色，无论用何种色组合，必须注意各色相之间的明度对比，否则会造成界线不清模糊，同样会失去清新透明、高雅的效果。

中明度的配色

中明度的配色，以既不亮又不暗的中等明度的色彩为主，又称中调。如中明度的灰、含灰的红、绿、蓝、褐色等色彩，其效果含蓄、沉静、雅致。中明度色彩是四季使用最为普遍的服装色调。但运用不好也可造成呆板、无聊的感觉。所以，中明度的配色如果在色相或艳度上加以变化，可以增加对比明快的感觉。此外，在中明度的基调中还可与高、低明度的色彩相互交叉使用，可以产生多种色彩效果。

低明度的配色

低明度的配色即暗色调，又称低调。以较深暗的色彩为主，如黑、低明度的深灰色、暗红、暗褐、墨绿、藏蓝、深紫等色彩，其基调给人感觉厚重、沉稳、强硬、神秘的意味。也可构成黑暗、忧郁、哀伤等色调。一般常被认为是男性的色调，是秋冬季常用的服装色调。在配色中，因低明度色彩在面积上占绝对因素，色相对比变弱，如果低明度色彩的明度差适中，多色配置可产生复杂的变化。如加入小面积的中、高明度色彩会使服装的整体效果更加生动。

互补色相的高亮度颜色体现出轻柔优雅的气氛

中等明度的对比色搭配作品，领部小面积亮色的点缀增加明快效果

暗色调且明度差异较小的色彩搭配体现神秘感

明度强对比的配色

明度对比较强的高明度与低明度色的组合，具有清晰、坚强、明快、锐利的意象。明度对比太强时，容易有生硬、空洞、简单化的感觉。在色彩的运用上，根据主题的需要，恰当地选择明度对比，才能取得理想效果。通常，在高明度的基调中加入中、低明度的色彩，或在中、低明度的基调中，穿插高明度的色彩，可以削减对比的分量。如在黑与黄这组强明度对比中加一些绿色，形成另一种中等的明度对比关系，既不影响原来的艳丽程度，又使原来的强烈气氛变得柔和一些。

明度中对比的配色

明度中对比的色彩组合则显得生动。高明度色与中明度色的组合，显得欢快、活泼；中明度色与低明度色的组合，则显得庄重、安定。

明度弱对比的配色

相同或相近明度色之间的组合，明度对比弱，色调对比也不强烈，对比效果是模糊的，运用时要谨慎。特别是低明度色之间的组合，最容易使整体色彩沉闷、灰暗、老气，需要用其他手法加以弥补。

明度对比强的色彩搭配作品

低明度与中明度的色彩组合体
现成熟耐看的色彩效果

明度对比弱但色相对比较强
的设计作品

4. 纯度的配色

以蓝色为基调的纯度变化

纯度基调是由色彩的鲜艳程度的对比而产生的。在服装配色中，主要体现为鲜艳的色彩与含灰的色彩之间的对比。纯度是影响配色是否调和的重要因素，也是决定"强烈"、"柔和"、"朴素"、"鲜艳"等意象感觉的因素之一。

高纯度的配色

高纯度的配色一般多为中等明度，色感很强。其配色效果有浓艳、强烈、膨胀、外向、热闹的感觉。如运用不恰当也会产生简单、低俗、刺激等效果。高纯度配色一般多用于运动装、童装、表演装等色彩设计。

中纯度的配色

中纯度的配色具有华丽而不失优雅的特点，往往是由中等明度色彩组成，色感较强，但又不失稳重。不管是邻近色还是互补色的搭配，只要将纯度调节到中等程度，效果就会变得优雅而高贵，色感也会更加丰富，这是仅使用原色所无法达到的效果。这种配色在服装色彩设计中运用较为广泛。

低纯度配色

低纯度配色指服装色彩整体上呈现一种很"灰"的状态，色彩倾向含混不明确。我们发现有的色彩看上去既像黄色又像蓝色，既像蓝色又像红色，这样的色彩虽不像原色那样强烈，但却使人久看不厌，时看时新，犹如陈年老酒散发的幽香令人赏心悦目。低明度、低纯度的配色给人以内敛、成熟和深邃的感觉。高明度、低纯度配色则给人以平和、含蓄和明丽感。无论是亮色还是暗色，将纯度调低就会营造出一种比中等纯度的颜色更深远的韵味和更神秘的气氛。但如运用不恰当也会产生平淡、消极、陈旧等效果。如何能从看似平凡的颜色中挖掘出最高的价值是设计师追求的目标。服装大师范思哲就是这类色调搭配的高手。

高纯度邻近色搭配的作品其视觉效果更加华丽、强烈

中纯度的蓝、紫色和低纯度的黄色形成的色彩对比

暗色调低纯度的颜色显示出神秘感的作品

纯度强对比的配色

在色彩搭配中，当纯度差异较大时，低纯度的色相和高纯度的色相就能互相衬托，使整体达成宁静优雅的效果。含灰成分较大的色彩可以使艳度高的色彩显得更鲜艳。也可以说，色彩的鲜艳性是靠灰性色的衬托来体现的，这是服装配色中经常运用的手法。如在灰绿中搭配黄色，在浅灰中搭配红色，都可以在原来的沉静朴素的氛围中增加明快的气氛，并且也能使黄色和红色格外鲜艳，令人振奋；又如，在鲜艳的橙色中搭配一些棕色，橙色不仅更稳重，也更明亮了。此外用艳度高的颜色与无彩色搭配也别具特色。

纯度弱对比的配色

在艳度弱对比中，无论是以亮色调为主的配色还是以暗色调为主的配色，都是低纯度的搭配。如浅灰与浅绿、浅紫与浅黄或深棕与普蓝、墨绿与暗红等色彩组合，这些配色由于色相间纯度上的差异几乎为零，整体效果浑然天成、依稀朦胧。这种不太张扬的效果是纯度属性最擅长表现的气氛；另外，还有以高艳度为主的配色，如蓝与黄、橙红与紫、蓝与绿等色彩组合。给人鲜艳、强烈的感觉，其效果虽然华丽，却会因为纯度过高，较难维持深邃和典雅的格调。这类艳度弱对比的配色，色相差和明度差非常重要。如果色系接近，给人感觉色彩效果略平淡一些，可适当加点邻近对比色使色彩产生变化。如果纯度过于接近，服装的整体效果容易产生含混不清的局面，因此应加大明度差。

纯度与色相均为强对比的作品散发出隐约魅力　　　　同为低纯度但明度差大的多色组合作品，色调古朴雅致，层次感强

⑤ 协调的技巧

我们已经注意到，各种色彩的对比关系并不是各自独立存在的。一种颜色与另一种颜色在色调上形成一定的对比关系时，它们的明度、纯度、冷暖等方面也可能同时形成各种程度的对比关系。三种以上的色彩组合，情况则更复杂。如果这些对比关系互相抵制或干扰，配色就不可能达到所需要的效果。所以在配色过程中，我们必须选择理想的色彩，运用恰当的色对比手法，统筹安排，使同时形成的各种色对比，步调一致地发挥有益的作用，致使服装的整体色彩产生一种视觉上的美感。这种选择和调整色对比关系的过程和结果就是协调。

服装色彩用多种颜色进行组合时，往往容易使人无从着手，不知所措。这时我们可以先确定一个统一的基调，或确定一个主要色调，或确定一种主要的对比手法，这种有重点的配色方法比较容易达到协调。

统调法

在服装多色的配色中，必须让其中某一色占主导地位。当这种色在色彩群中起决定作用时，色调就倾向于它，如红色调、蓝色调、黄色调、绿色调、紫色调等。在以某一色相为主色时，其他色相应为副色，而副色则最好能与主色成类似色。由副色加以明度或彩度的变化，来达到多色变化的调和效果。如果在以某种色彩为主的搭配中，加上少量色调对比强烈的颜色，则可以突显作品的活跃感。多色配色若能获得调和，则整体上的色彩丰富，色调优美充实，层次感强，颇为有个性的人所爱。

以大面积的蓝色为基调，副色为临近的紫色，通过亮黄色的点缀，其效果既统一柔和，又具活跃感

在多色相的衬衣色彩里，有意识地选择其中的红色为下装的色彩，这也是最常见的统调法

提取裙装中的绿色作为领子的色彩，使绿色得到强调而成为主色调

强调法

配色时为了强调服装上的视觉效果，弥补服装整体的单调感，在某一小部分使用醒目的色彩，使整体看起来更具装饰感。选择在大面积色中点缀小面积的对比色彩，如在暗色调中点缀明色、在

粉红色的腰带增添了小礼服的甜美与可爱感

肩袖部位的红色印花成为绿色礼服的视觉中心

暖色调中点缀冷色、在浊色中点缀鲜艳色调等手段，构成整体服装色调的强调法。服装上小面积的配色有领子、袖子、口袋等部位，还可利用与服装相配的首饰、帽子、腰带、围巾等服饰品的色彩来点缀服装，使小面积的强调色与大面积的服装色彩形成反差。强调色使用恰当可弥补配色的贫乏，起着"提神"、"点缀"的作用。

间隔法

间隔色大部分是利用特殊色彩，如无彩色系中的黑、白、灰、金、银等，它们各自几乎能与所有的有色彩协调，在配色时起到缓冲作用。当色彩不调和或关系模糊时，用这种分离式的色彩来补救很有效果。如有些令人无法容忍的色彩组合，或等量使用互为强对比的色彩进行组合时，经它们间隔，就可变为协调；反之，当色彩关系过于含糊时，为加强层次感，可以选用一些较鲜艳的有彩色来间隔。利用这种方法，被间隔后的色块与形态会造成意想不到的视觉效果。我们日常饰品中的腰带、围巾以及衣服的花边、滚边等都可用间隔配色的形式。

大面积对比色——橙色与紫色的靓丽搭配，让服装悦目舒展，在过渡位置添加黑色蕾丝在效果中起到收敛和稳定的作用

有大面积白色的衬托，裙装上高彩度的花卉图案更加娇艳夺目

渐变法

在服装配色中，为避免强对比色彩的刺目感，可将色彩作等差或等比级数的次第变化，使色调形成渐变的视觉效果。如色相的渐变，依照色相环上红、橙、黄、绿、青、紫的关系进行有秩序的排列；明度的渐变，由明到暗或由暗到明的色彩变化；彩度的渐变，彩度由鲜到灰或由灰到鲜的有规律变化；还有，色彩的面积也可以进行由大到小或由小到大的变化。色彩的渐变就像音乐的音阶一般，具有节奏感，令人有连贯舒适的感觉，避免色彩杂乱无序的局面。

色彩搭配的方法是非常多的，不一而足，我们可以顺着以上的思路去举一反三。总之，无论哪种方法都应该表现出人们心目中的感情和趣味,如欢快、肃穆、神秘、轻松等。富有情趣的服装配色是协调的高级阶段。选择色彩,不仅是单纯地追求美,而应该运用色彩的联想和象征意义去抒发各种情感,追求不同的趣味。

黑色至白色的明度渐变,传达着一种神秘高雅的气息

图案自上而下的疏密变化,也同时体现明度由浅入深的渐变

色相与纯度的双重渐变

02

第二章
各色系心理特征与配色

每种颜色都有不同的特性,每个色系都有独特的色彩感情与个性表现。我们知道,用词语表达色彩是不够精确的,一个"蓝色"涵盖了多少不同的颜色!本章做出各色系的心理分析和色彩组合搭配,在于提供各种色相组合的典型案例,并阐释其所表现出的情感效应。应注意各种搭配关系都是不稳定的,在不同的环境中出现都会产生异样的效果。

一 黑色系服装 / 权威、低调、内敛

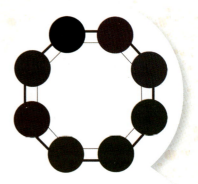

黑色系色环

心理特征

在黑、白、灰这个无彩色系里，黑色是最重要的一种。黑色所表现的强烈内涵是多层面的，其蕴含的感情甚至是矛盾的。一方面黑色是积极的，使人联想到严肃、坚毅、权威、神秘；另一方面黑色又是消极的，使人联想到黑暗、保守、恐怖、虚无、冷酷、悲痛、死亡。正是由于黑色的多面性，使其在服装设计上也具有多重性，所以黑色既可作为礼服色，亦可作为丧服色，并以其强烈的个性使服装处于时髦和前卫的行列。黑色几乎适合任何人、任何场合，能够表达任何风格，能与任何色彩搭配。

配色要点

同样的黑色，有些显纯黑，有些变为灰黑、蓝黑、棕黑等。这种奇妙的色感为面料注入了丰富的情感。黑色与白、灰，以及任何彩色系搭配，都能营造出千变万化的色彩情调。其中黑与白是永恒经典的搭配。可以带来简洁、尖锐的感觉。黑色与淡灰色到深灰色搭配，再加进有彩色点缀，具有情调高雅的感觉；黑与红搭配，可以增强暖色的作用，更显热烈与激情；黑与浅黄、橘黄组合产生摩登感；黑与彩度差、明度差小的深红、绿、赭石等色组合产生古典、庄重感；黑与蓝组合则显得深沉、冷峻；黑与金、银搭配则可表现富贵华丽的感觉；黑色服装中使用少量的红、黄、绿、蓝色作点缀，高雅、稳重又不失活泼。

由于黑色服装有深沉、低调的感觉，单独穿用黑色服装时，应适当用亮色加以调节，如佩戴一些闪亮、夸张的首饰，或缀以亮片，这样将会显得卓尔不群。黑色服装适合与白金首饰相搭配，妆色最好用强烈彩妆，粉底宜浓、腮红宜鲜，眼影可选用任意颜色（蓝、绿、咖啡、银等），口红宜用鲜冷色或暖红色。

在高纯度、中明度橙红色的背景上,紧致而清晰的黑白条纹得到充分的表现,最大程度地吸引着观者的注意,传递出都市丽人活泼干练的气质。

羽毛的特点是柔软而飘逸,带来轻微颤动的效果,而不具雕塑感或尖锐的特征。Dior的这款作品在羽毛的运用及处理上颇具创意,黑与象牙白的微妙过渡与这种主题最为契合,把羽毛插入渐变色的饰边中,而不是用于反差极大的色彩对比效果。微妙的色彩和戏谑的廓形打造出奢华至极的感觉。

明度巨大的反差构成服装的主要对比,形成强烈的视觉刺激。黑与白的搭配是永恒经典,可以带来简洁、干练的感觉,深受都市丽人的喜爱。

黑色与任何彩色系搭配,都能营造出千变万化的色彩情调。黑与蓝绿色调的组合则显得深沉、冷峻,而少量白色小块地加入,顿生跳跃感和流行感。

二 白色系服装 /纯洁、善良、信任

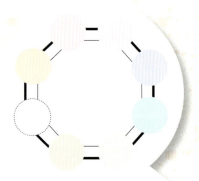

白色系色环

心理特征

　　无彩色系的白色，注目性强。白色代表一种光的能量，其情感象征具多样性。在五彩缤纷的色彩中，白色可以说是一枝独秀，白色既不刺激，又不沉闷。象征着纯洁、光明、庄严、神圣、超凡、无邪。表现出明亮、洁白、轻盈、凉爽、朴素、恬静、优雅的效果。白色有不同的色彩变化心理，如银白、本白、乳白等色彩有冷暖色彩倾向。白色既能表现青春少女的浪漫情怀，营造出一种冰清玉洁的色彩氛围，又能演绎职场丽人的沉着干练。白色是永远的时尚。

配色要点

　　白色可以说是一种万能色，几乎可以与任何颜色搭配在一起，特别是与黑色的搭配。白色与银灰、黑色组合，再加上有彩色作点缀，具有很高的时尚感。白色在领口、袖口等局部的点缀，常常成为整件服装色彩的点睛之笔。白色与灰色组合，具有恬静、优美的意象；白色与柔和的粉色调组合，能表现出一种可爱、甜蜜的效果；与深色调组合具有成熟典雅的魅力。为避免对比过强，可选择明度中等的色彩进行过渡；白色与艳丽的暖色调，如红、橘红、黄、玫瑰色的搭配具有活泼、青春感；白色与冷色调，如蓝色、粉绿色搭配具有清爽怡人的意味；当白色与中间色（如米色、灰褐色、棕色）搭配时，给人自然轻松的意味。

　　白色对各种肤色、各种性情的人都相适应，尤其与黑皮肤相搭配时，形成肤色与服色的强烈反差，给人留下不同凡响的印象。穿白色适宜简单的透明妆、冷妆、酷妆，切忌浓的暖色妆。

CHANEL的这款作品，给我们展示出一组经典的色彩搭配关系，以大面积黄色调的奶油色为基调，比纯白色带给人们更多的新鲜感，尤其是搭配了具有光感的金与深褐色，给人一种梦幻和神秘的感觉，显得非常华丽。当各种深浅不一的同类色调混合应用时能表现出不同的层次感。

通过白色与黑色的强烈对比，凸显整体效果的干练与明快感。鲜亮的水红色与淡雅高贵的浅假金色的点缀，使之成为服装的中心，同时装的层次顿感生动与丰富。

明亮的色调让服装和谐而优美。大面积干净明亮的白色使服装清新单纯，鲜亮的黄色腰带与图案的装饰，加强了女性柔美优雅的表现。袖子与胸部淡黄色的绣花图案，让服装更具空间感。

红绿的组合本是色相中最强烈的对比关系，但当双方都降低了纯度后这种冲突会极大地缓和，特别是与无色彩中白色的搭配，营造出淡雅、可爱的性格，更能表现青春少女的浪漫情怀。

三 灰色系服装 / 正派、诚实、温和

灰色系色环

心理特征

　　灰色混合了强烈的黑与刺眼的白，可以说是涵盖面最广的颜色。灰色具有黑、白的优点，有着文静、高雅的气质，同时又给人冷漠、平淡甚至颓丧的感觉。灰色有多种不同明度的灰，浅灰色显得明亮、清爽、柔和，深灰色则显得低沉。带有色彩倾向的灰色，便能有效地改变灰色的呆板。

　　灰色虽无色相，但明度层次丰富，从最深的炭灰到浅鸽灰形成了极丰富的灰色变奏。灰色的中性与平和受到人们的广泛青睐。灰色服装有助于显示稳健、自信、权威和信任，故多用于传统性男西服及中高档职业女装。在每年流行色中都有灰色系的加入，它们与不同的色调组合进入时髦服装色彩的行列。

配色要点

　　灰色系在服装配色中具有极强的协调性，无论是与黑白色彩组合，还是与有彩色的颜色组合都能起到推波助澜的作用。黑白系列的组合，明度对比强烈，由于灰色的介入，使效果变得柔和起来。当纯色相组合时，凭借灰色自身的中性品格，也可使那些面貌张扬的纯色变得柔和协调；反之，纯色又以其洋溢的热情融化了灰色的冷漠，它们之间相互作用，成为交相辉映的整体。灰色尤其适用于搭配暖色系，如红、桃红、黄等。灰色与各色相的灰色组合，具有优雅时尚的感觉。

　　穿灰色服装一般来讲适合与冷色的首饰搭配，如银、钻、珍珠等。在化妆时尽量选用冷色系，尤其是穿灰色正装时可用灰色眼影粉，配浅玫瑰色的腮红与珠光的浅唇膏。

经过几季的流行之后,灰色仍然占据着重要地位,就像是一个先驱。灰色包含很多不同的色调,从简洁的灰色和中性的灰色到木炭灰、白浆灰、杂灰色等。Sportmax的这个作品就是将各种不同色调的灰色混杂在一起,甚至混合了不同深浅的驼灰,这样的中性色调成为最新流行的色彩搭配方式,看起来非常新颖。

这是大师Jean Paul Gaultier的男装作品。这里大师运用了大量的灰色来演绎男性的沉着和力量,我们可以发现这组配色在明度、纯度以及质感上的强烈反差,正是这些差别造就了整件作品丰富的色彩层次和内涵。在大面积中间灰调的基础上,运用了高明度、高彩度的橙色进行局部点缀,目的是通过多种对比,在男性的阳刚气质中加入一丝调皮和活泼感。

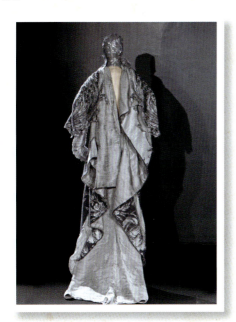

出自Jantaminiau的这款服装,图案精美,外形流畅,利用了不同明度的冷灰色,表现了沉稳怀旧的情感,尽情展示出一个活脱脱的中世纪华丽玩偶的形象。

这件Prada的春夏作品。上半身还是以银灰色为主,搭配下半身明度更高的灰白色,同时配合亮彩的蓝、黄,在冷静和智慧的中性色彩气质中适当地加入了女性的纯真,让整件作品在中性魅力中又透露出不可抑制的少女情怀。

四 红色系服装 / 热情、积极、喜庆

红色系色环

心理特征

红色标示性强，能产生强烈的感官刺激。红色比其他任何颜色更能表现强烈的情感，给人热情、浪漫、喜悦、活泼、兴奋、刺激的感觉。红色作为喜庆、吉祥、欢乐、幸福、勇敢的象征，在中国的婚礼庆典、西方的情人节以及舞台表演中多使用纯红色。但红色又与血色相同，常常让人联想到流血、战争、灾害、恐怖与危险。当明度、纯度发生较大改变时，红色给人的感受也随之发生很大变化。

配色要点

在日常生活中，红色是最能展现女性魅力的色彩，在各种场合中出现的概率很高。在搭配中要充分考虑到它的明度、纯度以及色彩面积等因素，尤其要把握好红色的纯度，方能做到艳而不俗。另外，红色虽然是人们公认最温暖的颜色，但它也有相对的冷暖区别。例如大红色、朱红色、玫瑰色、紫红色，因为有冷暖的偏向，形成了完全不同的穿着效果。朱红使穿着者显得容光焕发、热情奔放，多用于突出个性化的服装设计；玫瑰红显得妩媚、浪漫，多用于少女和时髦女性的服饰色彩设计；深紫红与暗红的服装，体现出典雅、高贵的品位，表现出稳重、含蓄的性格，常作为中老年服饰色。

红色与无彩色系的黑、白、灰都有着很好的配色效果，如红与黑搭配能够使红色更加鲜艳，表达出"抑制不住的激情"。红与白、灰搭配则让红色归于平和；红色与有彩色系中的黄、蓝、绿搭配也是很好的选择，如红与黄搭配具有温暖明快的意象。红与蓝搭配是富有理性的激情。红与绿这组互补色的搭配能产生强烈的对比，使红色如同火焰般更加激动人心。正式的上班场合往往只将红色作为点缀，如红色的衬衣、丝巾、包袋等，特别是在深冬季节沉闷的着装中，红色显示出活力与热情。穿红色时首饰的选择应以暖色为主，最好选择黑色或红色的鞋与包，以鲜红的口红为主。

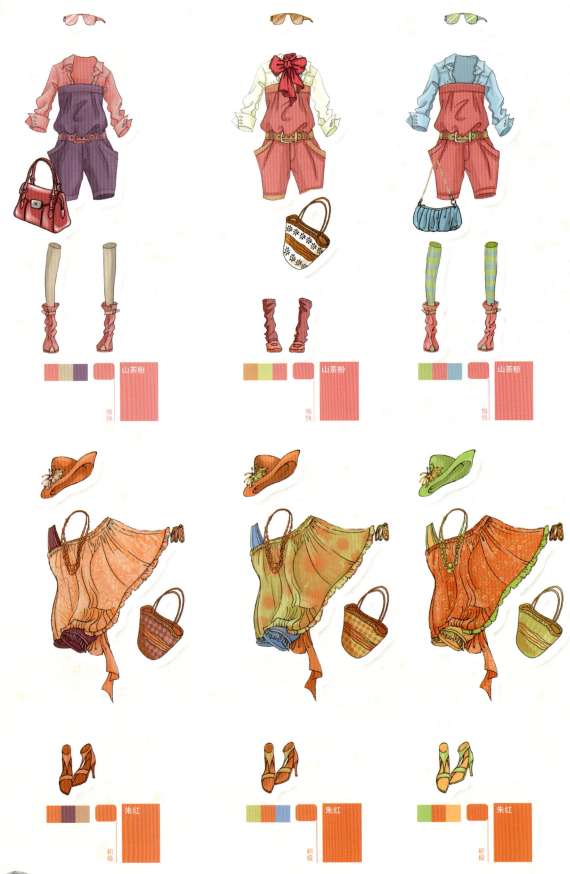

强烈饱满的浆果红色调为高级服装增添了几分戏剧化和私密性，尤其搭配抛光的金色和复古的青铜色效果更加事半功倍，彰显出极其强烈的戏剧魅力。这些深沉的色彩灵感源于拜占庭和文艺复兴时期的油画。采用闪光真丝缎的面料为整体风格的塑造更增添了光彩。

夏姿·陈这款带有桃色调的粉色女装在发布会中被大范围地应用。在红色系的家族里这种珊瑚粉色与以前传统的亮粉色不同，偏向西瓜的粉嫩感觉，另外还有更多的浅鲑鱼色调。这些粉嫩靓丽的色彩在中性色调的衬托下显得更加漂亮。

纯度的强对比，使橙红色在Dior这款礼服中格外醒目而亮丽，成为视觉中心。大面积明亮浅淡的粉红色看起来非常柔美可爱，增加了服装的协调感，避免了浓艳色彩带给人的不适应感。

红色是很女性的色彩，可以衬托和营造出一种浪漫的情调和意境，也可以给人一种乐天并富有朝气的印象。这款纯正鲜艳的红色上衣，在下装与内衣的无彩色黑与白的强烈对比下，形成视觉的强刺激，带来活泼与快乐的气息。

五 橙色系服装 /开朗、活力、亲切

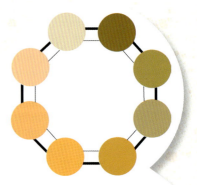

橙色系色环

心理特征

橙色系的性质和红色系很接近，具有很大的视觉冲击力。橙色系是夏季中很受人青睐的颜色，让人联想起橘子、柿子、杏、枇杷的美味，更可表达可爱、活泼、温暖、光明、兴奋、辉煌、华美，象征着欢乐、健康、自由、烦恼、任性甚至轻浮。橙色是有彩色系中最温暖的色彩，即使在寒冷的冬季，也能令人体味到火热的强烈气息。鲜艳的橙色多用于户外运动装、儿童装以及舞台装的色彩设计。但是当色相变淡或变暗浊之后运用广泛。尤其是淡米黄色与茶色系，感觉沉着安全，是都市女性的首选。

配色要点

一般来讲，鲜橙色服装极适合于棕黑或白皮肤的人穿着。橙色系的配色与红色系相比有些难度，但配色得当也非常具有个性。如橙色与深浅不同的黄色搭配，和谐又富于变化；橙色与明亮的黄绿或暖色组合，显得热情时髦；橙色与黑色搭档，极富摩登感；橙色与白色（最好是乳白）搭配，体现健康活泼感；橙与绿色、黑色组合，具有异国风采。橙色与蓝色搭配的服装构成响亮、欢快的色调；橙色与卡其色、橄榄色搭配也是理想的组合。

在生活服装中，一般使用小面积、高纯度的橙色为点缀色，如在整体低沉的色调中搭配橙色的服饰品，即刻使人眼前为之一亮。大面积地使用时，一般应降低它的纯度，除非你是戏剧效果的女性。在化妆方面，眼影宜用蓝、绿色，唇膏可用稍暗的珊瑚色。适合佩戴以金色为主的饰品，玉、绿宝石、蓝宝石、珊瑚也很相宜。

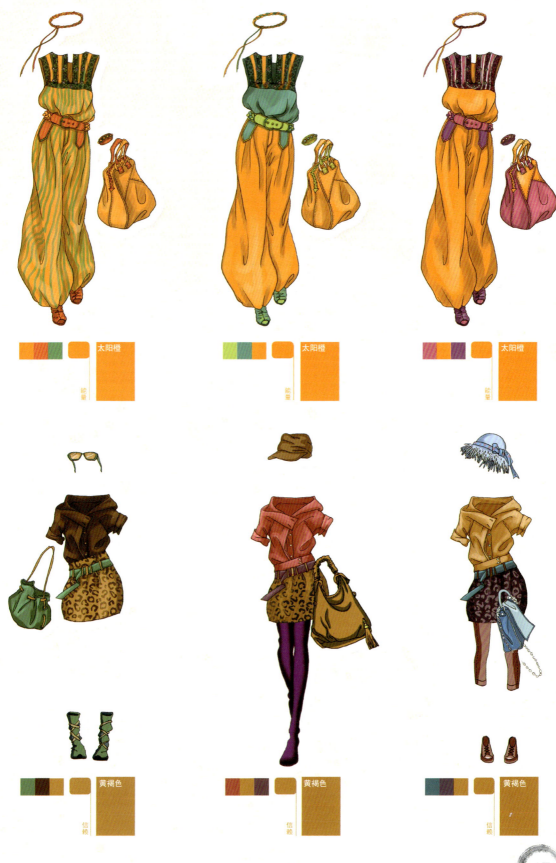

橘色作为明亮的流行色将继续在2011春夏季里发挥重要的作用。明亮暖和的金茶色,与流行的丝绒面料结合在一起,金茶色所具有的欢快与光感被增强了,像童话般灵动快活,在复古中彰显绝对的高贵气质。

运用纯度的强对比,进行同色相的组合,色调协调高雅。裙装的橘红色寓意着吉庆,有着让人振奋的力量,又可以迅速成为视觉的焦点,所以在欢乐聚会的时候,选用橘红色的礼服都非常合适。上衣的沙茶色是在茶色中添加大量白色而浑浊的色彩,给人一种极大的安定与包容感。这组色调的搭配,动静相宜,相互陪衬。此外,金色围巾的点缀,让整个色调更具时尚和质感。

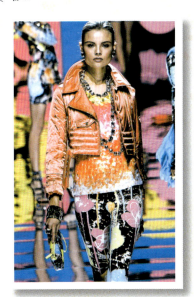

Blumarine是年轻女性心目中的理想品牌!从亮橘红到太阳橙和粉嫩鹅黄色,再到粉红色,都属于橘色的临近色范围。多层次亮彩色的组合,透露出奔放狂野的一面,及时送来迫切需要的愉快气氛,令人眼前顿时一亮。它们搭配无彩色的黑白体现出一种流行时尚。

Givenchy这款风衣以大面积橙色和白色的靓丽组合,其色彩效果悦目舒展,突显出时尚和愉快的气息。蓝色雪纺印花裙的搭配形成色相的强对比,是一种大胆的混合,让效果更显开放和跳跃性。

黄色系服装 /注目、可爱、淘气

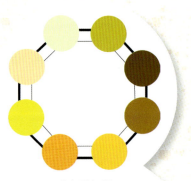

黄色系色环

心理特征

　　黄色系在颜色家族中是最为光亮的色彩，明度很高，也相当引人注目。纯度高的黄色给人以温暖、明快、灿烂、辉煌、刺目、警惕等感觉，象征阳光、权力、威望、财富以及至高无上的尊严。黄色调的服装十分明朗，具有活泼、可爱、时髦的特质，当黄色变亮时具有文静、娇嫩、可爱、幼稚、轻快等感觉；当黄色变暗时具有多变、贫穷、秘密、绝望、粗俗等感觉；当黄色变浊时则具有陈旧、不健康、诙谐、懒散等特征。鲜亮的黄色常用在儿童服装的色彩设计中，运动装、泳装也常选用霓虹黄色和橙色。

配色要点

　　黄色系因其明暗、冷暖的差别，在配色效果上有较大的差异。高明度、低纯度的淡黄色系中有芽黄、浅米黄、象牙黄、乳黄等，极能展现出少女的青春与年轻女性的俏丽，并较易与肤色协调。低明度的黄色建立在黄褐色基础上，温暖并接近金色，暖黄色的最佳搭档是冷色及中性色系，如淡紫、亮灰、浅绿、棕色等；黄色与同类色橘黄搭配，效果容易协调。明亮的黄色与淡紫色的对比组合作为日常服装色彩是令人愉悦的；柠檬黄与黑色的搭配效果尤为强烈，成为生动、充满野趣的原始色彩，这也是提示危险的最佳配色；黄色与灰色搭配具有新潮浪漫的气息；鲜黄色与褐色或橄榄绿色搭配，服装色调会变得柔和而典雅；黄色与红色如果搭配不当，容易显得燥烈而俗气；反之，则更能渲染出热烈的气氛。黄色与红、蓝、绿、紫等原色、间色搭配，显得明朗活泼，具有童话般的全新意象；黄色系的颜色由于清新明亮，做点缀色也很出色。金色是高贵的颜色，尤其是与黑、红相搭配时，金色会使着装透露出高贵与华丽感。

　　在黄色服装的设计与应用中要注重人的肤色等相关因素。鲜黄色的服装最适合被阳光晒得呈棕褐色的皮肤，这种搭配极具异国情调，面色憔悴的人穿此色服装将更显病态。一般黄色服装适合年轻人，它不适合体态较胖的人。

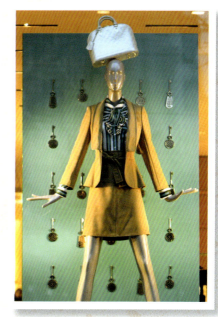

一袭明亮柔美的浅淡黄色纱裙，少了金黄色的强烈和卡其色的厚重，淡黄色的柔和气质让人联想到女性温和的性情，特别是金色腰带的点缀更增添礼服的华丽与高贵感。

黄与蓝的搭配本属于色相的较强对比，但双方都降低了纯度，让色调具有了协调性和包容力。大面积淡浊的黄褐色来源于茶汤的颜色，体现出低调、安定、休闲的感觉。

这款萱草色的礼服是在黄色中加入了绿色和土黄之后的色彩呈现，作为2011年秋冬的流行色让眼前一亮。当萱草色与带有褶皱纹理的化纤面料结合时，显示出一种毫不做作的天然审美。这些柔和的浅淡色大范围地出现在发布会上，并成为时装的重要色调。

黄橙色彩的搭配，使温暖与光感增强。通过色调不同的黄橙进行穿插组合，服装在统一和谐的氛围中形成明度、纯度的层次变化。采用同一色相的优势在于能迅速便捷地得到协调和高品位的效果。同时，腰封处具有光感的黑色与灰色让色调在活跃的表象下潜藏着豪华与高贵的气息。

七 绿色系服装 /清新、温和、环保

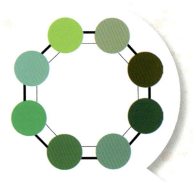

绿色系色环

心理特征

绿色是自然界的色彩,给人以适度的刺激,是人们寻求宁静、安逸的最佳色彩。绿色象征自由、和平与安全,给人清新、安详、自然、森林、成长、环保等印象。绿色调应用范围广泛,如粉绿色、静谧、轻盈;嫩绿、黄绿色强烈表现出新生、青春与勃勃生机;墨绿则显得老练而成熟;蓝绿色如孔雀羽毛、热带海洋的颜色,它艳丽而清秀;含灰或冷调的绿色安详而满足。在针织服装、套装、大衣、鞋帽中使用灰绿、橄榄绿、苔藓绿、青铜绿等绿色调尤显温文尔雅。

配色要点

绿色是中性色,较易与其他服装色彩搭配。如绿色与黑白搭配,毋庸置疑给人以高贵华丽感;绿色与白色搭配,可产生凉爽清纯的效果,是浪漫女性所喜爱的;绿色与红色搭配是最具魅力的组合,但最好不要用纯色。如冷杉绿与红色、金色组合成圣诞色彩。绿色与橙色组合给人快乐、悠闲的感觉;另外,娇艳的绿色如果搭配不好,会产生刺激、张扬甚至低俗的感觉。含灰的柔和的绿色更易于搭配,如橄榄绿色能与任何色进行组合搭配,与棕色、黄色或砖红等色的组合十分和谐;墨绿色与鲜艳色、粉彩色或深色调搭配都能收到良好的效果,特别是与深色调搭配更显典雅。

在服装色彩设计上,要注意穿着者的因素。如面色较红的女性,不宜穿翠绿色上装,否则会显得俗气。穿绿色系服装时,粉底、腮红与唇彩宜用暖红色(带黄的红色),眼膏宜用深绿或淡绿色,眉笔宜用深咖啡色。

　　Marni的这款裙装在亮丽的色调上，利用色相的变化形成主要的对比。浅绿玉色这种浅淡的轻薄色彩，与绿色给人的传统印象相比显得过于清淡，使其整体的色调体现出温柔而纤细的效果，非常能够表现女性的甜蜜浪漫。

　　孔雀绿是介于蓝色与绿色之间的一种浓厚的蓝绿色。Prada的这个作品以具有沉稳印象的孔雀绿为基调，同时蓝、绿、黄在色相环中为依次渐变的色相，因此色相的变化呈现出自然的协调效果。

　　苔绿色与萱草色一起成为2011年秋冬季节的流行焦点，主要搭配带丝质光泽的化纤面料以及褶皱处理之后的纯棉一类。由于其包含了许多黄色，所以隐约表现出黄色的知性，给人一种华丽、古典的印象。

　　橄榄绿属于浓厚的浊色，其明度和纯度都比较低，显得很有安全感与包容性。Antonio Marras的这个作品包含了橄榄绿的多种色调，再加上金色饰件的装饰，色调虽由同一色系构成，但层次丰富，具有浓厚的时尚与戏剧的效果。

八 蓝色系服装 /理性、认真、诚实

蓝色系色环

心理特征

蓝色最易令人遐想蔚蓝的天空、湛蓝的大海，它同绿色一样是大自然杰出的代表色。蓝色系的性格颇为冷静，它与朱红色积极性的刺激特质相反，但多数人普遍喜欢蓝色。蓝色系最能传达清纯、诚实、信赖、理性的印象。所以，一般人在找工作时，经常用蓝色的装扮，许多公司也选用蓝色为制服色。在英国，蓝色是高贵的标志，贵族血统被称为"蓝血"，皇室和王族女性所穿的深蓝色服装被称为"皇室蓝"。蓝色也是想象力和创造力的象征，包括毕加索等众多画家都曾经倾倒于神秘的蓝色。不同色调的蓝色给人不同的感觉，深蓝沉稳端庄；海蓝亮丽醒目；淡蓝明快淡雅。蓝色广泛地应用在衬衫、裤子、针织衣等设计中。

配色要点

中国人自古对蓝色情有独钟，如青花瓷、蜡染、蓝印花布等。靛蓝是牛仔服的主色，受到世人的广泛喜爱。蓝色作为单色时，给人一种清爽、凉快的感觉。如果蓝色与淡蓝色组合起来会显得更加凉爽；亮丽的蓝色与白色搭配会显得很年轻，如果再加上灰色，则具有都市感。深沉的靛蓝与纯净的白色相配则具有古朴的乡村情调。蓝色如果与红色、黄色相配，则动感十足，具有运动气息；低明度蓝色如果与黑色、褐色等暗色相搭配，应注意明度对比，避免沉闷感。

中国人的黄皮肤与服装的蓝色形成既对比又和谐的效果。化妆最好以冷色调为主，眼影宜用蓝色，胭脂宜用玫瑰红色，唇膏可用明亮的珠光粉。深的海军蓝配深暖红的唇膏、暖色的腮红最好。首饰搭配钻、水晶、银色、蓝宝石、红宝石等都很适合，金色也可以。

群青是国画颜料中的一种。作为浓厚的高纯度色彩，群青充分表现出蓝色的深远，搭配明亮的白色表现出清新、干练的意象，给服装增添了流行和理性的元素。

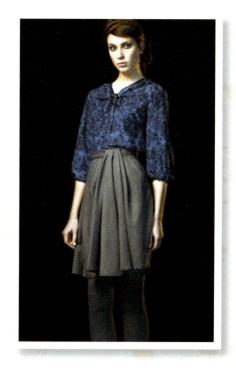

同一色的明度变化，让色彩的层次丰富且具有较强的一致性。中等纯度的蓝与纯灰的组合体现出女性优雅、神秘的气质。

夏姿·陈的女装在色彩上得益于东方玄奥的美学影响，运用同色系的配色，以纯净清澈的钴蓝和鲜艳浓郁的青金石为基调，交错着的粉绿、亮黄或幽暗的紫灰等色，流光溢彩，隐约中呈现出意境湛远、丰神气华的幽远韵致。

藏青色在这里的主导地位是由于2011年流行的美国传统主题风格和学院派风格。它常常用来代替黑色，与白色和其他流行亮色组成色块。搭配橘色或是长春花色和贴蓝色时效果都不错。

九 紫色系服装 / 高贵、神秘、梦幻

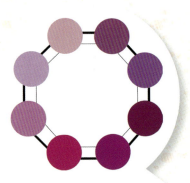

紫色系色环

心理特征

　　紫色融合了激情的红和沉静的蓝，从而形成一股不可抗拒的神秘力量。那些生性浪漫的人，都比较喜欢紫色调的服装。紫色既代表高贵、华丽、神秘、浪漫、梦幻的气质，也表示出妖艳、俗气、不安、忧郁与病态。同样是紫色，但色调上的差异也会形成不同的形象感，如接近蓝色的冰紫色，给人以高贵、冷俊的印象，常用于职业女装的设计；而接近红色的红紫色，则令人感到十分华丽，适宜气质高雅的中老年女性服装的设计；紫丁香般明亮的淡紫色，则会使人产生优美而浪漫的印象，适合用于女性化妆品、内衣和闺房等色彩设计；深紫色的绫罗绸缎则是戏剧型女性的最爱，让人显得富贵无比。

配色要点

　　事实上，紫色是不易搭配的颜色，为避免产生轻浮、艳俗感，设计时需要谨慎地选择紫色的色相倾向。紫色可以与同系列的、深浅不同的紫色搭配，与黑色、白色搭配也很容易；紫色与艳丽色组合，如鲜艳的黄、黄绿，充分显示出紫色的注目性与戏剧性。而淡柔的紫色与浅黄灰、乳白色或灰色搭配可表现出优雅的格调；紫色与蓝青、玫红色搭配制造浪漫、神秘的艺术气氛，与绿色搭配有阴森感。紫色与浅褐色组合，具有成熟、典雅的效果。
　　皮肤发黄的女性应慎用紫色，通过对比会使皮肤显得更焦黄。紫色特别是冷紫色特别适合冷色调的化妆，如紫色的眼影、粉色的唇膏，再配上冷色的首饰，如白珍珠、水钻、银饰的搭配令人美不胜收。

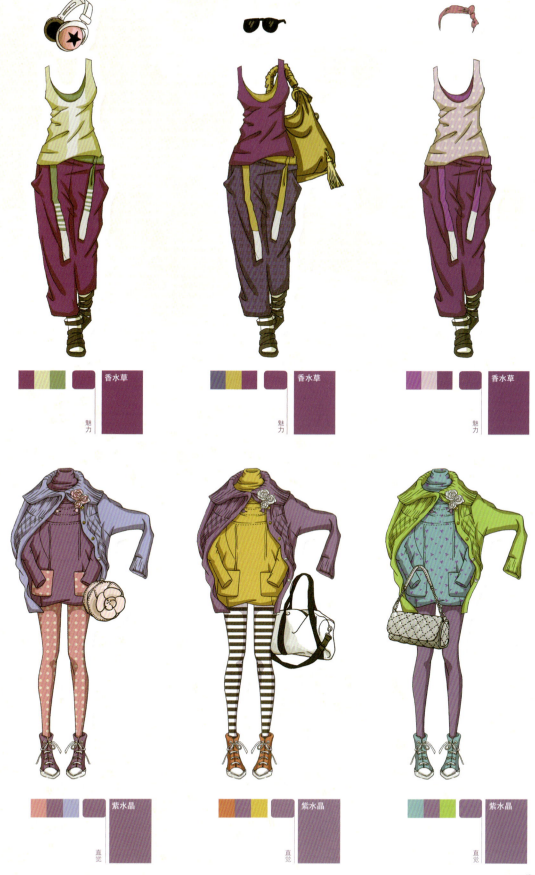

迷人恬淡的丁香紫纱裙，如同酷热夏日里拂过的一缕清风的微风，给人一种浪漫而柔美的印象，微暗色调的紫色胸花，让朦胧飘逸感跃然而上，激发出紫色特有的优雅感。

紫色和玫红的搭配，体现了临近色的协调。穿插金色腰带进行点缀，让效果更加开放，增添了华丽、优雅的气质。

当城市的夜渐渐来临，当霓虹灯开启，极具神秘情调的青紫色礼服裙，搭配上长筒皮靴，若与皮革手袋、腕饰等结合起来，更显性感、魅惑。

红紫色是一种靓丽脱俗的色彩，由红紫色、蔚蓝、铬黄构成的圆形图案犹如百花园里怒放的花朵。较高纯度的对比色彩由含蓄深邃的黑底衬托，凸显出女性的独特魅力和时尚感。黑色的使用，抑制了亮色彩的过度跳跃，产生和谐而神秘的氛围。

棕色系服装 /自然、舒适、稳定

棕色系色环

心理特征

棕色系包括从咖啡色到米色的多种变化色调。棕色来自于大自然，来自于苍茫的沙漠、坚韧的岩石。然而，这种来自于自然的色彩却具有一种非常都市化的味道，使人心情轻松稳定，体现出温暖、成熟、厚重、淡定、古典、寂寞的感觉。棕色系较之于黑、灰、深蓝色显得不那么严峻，因此较少用于礼服而较多用于职业装和休闲服。儒雅的男士、文静的女士除钟爱黑、白、灰、蓝等服装色彩以外，也往往选择熟褐、灰褐、赭石、米色等自然色彩作为服色。

配色要点

棕色系是个人着装的基础色，其色彩不论深暗明浅，与其他色彩搭配均能收到良好的效果。棕色不仅用于服装色彩设计，也频繁出现在服饰配件的色彩中。棕色最易与同类色相搭配，如米色、黄色，它们形成一组协调的服装色调；米色与白色、淡黄色、灰色搭配，体现斯文感。与咖啡色、深蓝色以及黑色搭配，则展示自信与骄傲；黄灰、绿灰、红灰与深浅褐色的搭配，营造出古色古香的审美情调；棕色与较深的各色相（深红、朱红、草绿、深绿、钴蓝色）组合，具有华贵大方并带有异国情调；采用褐色装扮，为打破其暗淡、沉闷的感觉，最好佩带金色的饰品，或在领口、袖口、腰带等部位配搭米色或黄色，或者选用有质感的面料，如精纺全毛、真丝、亚麻等，亦能产生丰富生动的效果。

暖棕色系列服装适宜配暖色的服饰，金色和琥珀色都很适宜，同时也可搭配一些民族风格的服饰品，冷米色适合铂金、银色等偏冷的饰品。

主色调由米色与褐灰搭配,运用了明度的差别,进行同色系的组合,色调协调高雅。浅浅的米灰令人联想到沙滩的颜色,给人柔软舒适的感觉。褐灰的色相中也没有刺激的要素,无论在什么场合都能给人心理的安慰。两色的组合突显古朴、温和的气息。

咖啡色中加入了黑色更为收敛,使色相更显沉稳和坚固。但在整体着装中大面积使用明度低沉的咖啡色容易产生沉闷、晦涩的感觉。该作品在围巾中加入了对比色蓝色以及浅银灰色的打底衫,增加了色相与明度的对比,使效果在内敛中展示出古典美的韵味。

比起那些暗浊的褐色,上衣的橘褐色添加了更多的黄红色,特别是与同是暖色调的黄、红珠片的点缀,让人联想到丰收与富足,加上零碎的黄绿色亮片,更增添几分活泼与华丽的感觉。下装模糊的灰色起到缓和调节的作用,让服装在T台下也可以穿用。

棕色的类似色彩搭配,通过不同色调的棕色进行穿插组合,服装在统一和谐的氛围中形成明度的层次变化,具有丰富的、跳动的效果。采用类似色相的优势在于能迅速便捷地达到协调和高品位的着装。

03

第三章
各种意象与配色

前面我们讲述了色彩的一些基础知识，但是在实际运用中我们并不会完全从基础知识出发。我们配色的起点如果只考虑色彩基础的明度、纯度以及色相，那整个求索过程将非常抽象和难以把握。相反，当我们从最终的效果出发，目标就明确了。如参加公司年终宴会，就要穿着得优雅得体；新一季的春装，整个主题应是烂漫而甜美的。当最终效果被确定后，随之要解决的问题就是如何根据所要表达的情感（也就是本章所说的意象）来选择相应的色彩搭配。在这里我们将会向您展示十四种服装设计中使用频率最高的意象是如何通过色彩搭配来表达的。每一种意象将从自然色彩或人文色彩着手，逐步进入色彩搭配的佳境。通过这十四种意象的分析，我们希望您在未来能够随心所欲地运用色彩，表达自己想要的意象，并能够触类旁通，通过生活中的细节发现更多的色彩组合方式！

一 优雅

提取色谱

1. 优雅-1

相关意象

文雅、气派、女人味、成熟、潇洒。优雅表现的是一种既有品味又不失艳丽的意象，具有古典、高贵、朦胧的美。

配色要点

比起"美丽"、"漂亮"这样的形容词，"优雅"自然是更吸引人的特性。优雅并非天生，而是一种经过人工历练后的成熟魅力，就像丰收年的红酒，在内敛低沉的光芒中散发迷人的醇香。如暗紫色、酒红色，这些都是设计师热爱的优雅用色，它们有着较低的明度和纯度，沉静大方，给人以高贵和女性化的体验。

优雅的配色以类似色的蓝紫色系或紫红色系为主色调，配上黑灰色，再以黄色、黄绿色、蔚蓝色作点缀，最能体现优雅的意象。"优雅"与"华丽"有相似之处，但优雅比华丽少了多彩的高贵。在华丽的基调上加上黑或灰，华丽的意象就去掉了一些光艳，就能产生优雅的气质。另外，为避免色彩的强对比，用带紫味、蓝味的深浊色来代替黑色与其他色彩相配，可以准确传达柔和与雅致的效果。

第三章 各种意象与配色

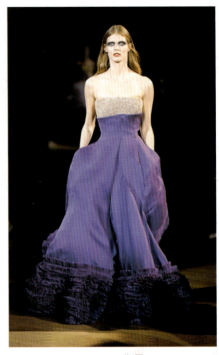

Valentino 作品　　　　　　　　　　　Givenchy 作品

　　意大利的 Valentino 品牌一直是"优雅"的代言词，是贵妇名媛衣橱里面不可缺少的礼服品牌。开创者 Valentino Garavani 善用雍容华贵的红色和贴身性感的剪裁，打造出极致优雅的晚装和鸡尾酒礼服。如今该品牌在新任设计师 Maria Grazia Chiuri 和 Pier Paolo Piccioli 的加入下，保存其优雅本性的同时也为品牌注入了年轻的元素。以春夏高级的 Valentino 作品定制为例，我们可以看到两位设计师对品牌精神的延续以及在配色上深厚功底：整件礼服运用了紫色的渐变，虽然只涉及一个色相，却让其在明度和纯度的渐进中呈现出了无穷的丰富感。胸部高纯度、低明度的紫色（amethyst）在优雅中带点成熟，奠定了整件礼服高贵的基调。视线往下，明度逐渐提高，纯度逐渐降低，裙摆处高明度、低纯度的淡紫色（clematis），能够带来视觉上的膨胀感和感官上的轻盈感，让每一个步伐都似轻歌曼舞般令人遐想。礼服主体缀满具有夏日气息的花朵，配色仍然使用紫色，并将纯度降得更低，明度提得更高，以便与主体区分。看似繁花似锦的一件礼服，设计师却只用紫色来表达，为的就是要一再加强紫色的意象：优雅、高贵，并带着一丝神秘的气息。如果将整件礼服比作女性，那其层层叠叠的渐变效果，就像一个意味深长的微笑，即便云淡风轻，也能让人感受到她的内涵，着迷于她迷人的过往故事……

　　紫色和丝绸面料的搭配，堪称是优雅的典范，通过 Givenchy 的这件高级定制礼服，我们将对"优雅"有一层更深刻的理解。对于 Givenchy 的印象，很多人都停留在20世纪50～60年代 Givenchy 大师为奥黛莉·赫本设计的高贵典雅的黑色套装上，而今 Riccardo Tisci 不仅延续了品牌华美典雅的传统，更突出了其柔美的线条和纯粹的用色，让其在过度繁复的高级定制界犹如一股清流。设计师在这件作品中运用了丁香紫和薰衣草紫，这两种紫色都具有内敛低调的个性，配合抹胸部分的灰白珠片，犹如暮色中暗自开放的紫丁香，优雅如仙子。

Oscar de la renta 作品

Ports 作品

　　以上的实例可能会让人误解优雅只是紫色的专利，当然不是！以Oscar de la renta的这身礼服为例，以中间冷静平和的深紫色（heliotrope）为界，上面使用了对比色橙黄色，裙摆的靛色为深紫色的邻近色，具有相似的冷静高雅个性。橙黄色的华丽个性为整件作品增添了活力，同时与靛色又互为补色，上下呼应。这组对比色是三组中最具有青春气息的颜色，但是在中间深紫色的配合下，散发出一股难以抗拒的成熟贵族气息！

　　当然我们也不能忽视红色系的优雅基因，以Ports的鸡尾酒小礼服为例，设计师利用了宝石红和洋红这两种明度和纯度接近的颜色来搭配，与Oscar de la renta作品界限分明的色彩搭配方式不同，这里采用了看似无规则的混合搭配法，模糊了两种颜色之间的界限，两种方式达到的视觉效果也大相径庭：Oscar de la renta作品优雅得个性分明，而Ports作品在典雅中加入了令人琢磨不定的迷人效果，就像玫瑰和山茶交错的花园，微风拂过，芳香宜人。

二 活力

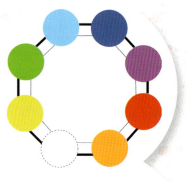

提取色谱

1. 活力-1

相关意象

艳丽、醒目、激情、健康、开朗。活力的意象让人想起舞台上五彩斑斓的色光照射，非常醒目，充满活力，强劲有力。

与配色要点

大量运用红绿这组互补色对比以及红黄、红蓝等对比色搭配，给人以视觉上的跳跃感，让人觉得整个服装充满活力。此种意象搭配的诀窍是"对比"，通过色相、明度以及纯度上的对比以达到强烈的视觉冲击，从而带来生机勃勃的感觉。或者运用高纯度的红色、黄色、橙色，这些明亮的色彩也能够刺激视觉神经，让人产生活力四射的感觉。艳色调与其他深色调、灰色调搭配，其强烈效果有所减弱，因此，要控制住面积比例，即大面积的鲜艳色搭配小面积的中间色，才能达到理想的配色效果。将这种意象运用得最出神入化的是日本服装设计师，涩谷一带年轻人的着装就是"活力"的代言词。

Yves Saint Laurent 作品

Prada 作品

　　着装能够使之出众，吸引路人的注意力，一直是很多人服装配色的初衷。大家都明白要使用对比色甚至是互补色来吸引眼球，但是又往往在对比色的选择以及比例的分配上力不从心。运用对比色搭配具有很高的风险性，搭配好了就能惊艳全场，搭配有问题，哪怕是再小的一个细节，都会被无限放大，成为被唾弃的"奇装异服"。特别是当多种对比度高的色彩运用在一件作品中时，更需要设计师有深厚的色彩搭配功底。Yves Saint Laurent 1969年春夏高级定制服，整件衣服运用了红绿、紫黄、蓝橙三组互补色，可谓是将色彩对比运用到了极致。同时还大量运用明度上的差别，比如在下半身的裙摆上用高明度的黄色和绿色搭配明度较低的蓝、褐等色。如此强烈的明度对比以及色彩层次上的丰富感让整件服装格外华丽，但是又非常灵巧地避开了凌乱感，Yves Saint Laurant作为20世纪最伟大的法国服装设计师，其扎实的色彩搭配功底可见一斑！这件大师离开Christian Dior自创YSL品牌后的早期代表作，巧妙地运用整体明度的渐变（从上至下明度降低）营造上轻下重的视觉差异，在各种色彩激烈碰撞的同时，保持了作品整体的统一性和稳定性。

　　再以Prada早春作品为例，蓝橙互补色将这件衬衫打造得无比夺目。大面积地使用具有"活力"基因的橙色，为这件衬衫打下了"耀眼"的基调。再以深海蓝色为点缀，从中间将大面积的橙色一分为二，就像"冷静"调和了一部分的"热情"，用理智牵制住了一部分情感，使整件作品在朝气蓬勃、势不可挡的背后又增加了一丝沉着的气质。

Dries Van Noten 作品   Oscar De La Renta 作品

　　同样是用互补色搭配以达到活力效果的作品，让我们来观察Dries Van Noten的连衣裙。为什么明明运用了对比最强烈的黄、紫这对互补色，整件衣服的感觉却相较于之前更加内敛呢？问题的关键就在于互补色比例的选择上。Prada作品中深蓝色镶嵌在大面积的橙黄色中，产生了强烈的失衡跳跃感，而在Dries Van Noten作品中，明度较低的黄色和紫色都采用相似的小面积比例占据在以灰色为主的底色上，遥遥呼应，在视觉上产生了平衡和谐的感觉。与此同时黄、紫色相的对比加之它们在纯度上和底色的落差又让这件作品免于落入俗套，起到了吸引眼球的作用。只是在这里，设计师更想要通过含蓄的手法来表现洋溢的青春而非简单的"活力四射"。

　　为了要打造"活力"的形象，互补色当然不是唯一选择，自然界存在的色相中有一些本身就带着"活力"的基因，比如在Oscar De La Renta作品中所使用到的红、橙、黄。作为暖色系的三种颜色，能够和谐地融合在一起，同时又因为本身色彩的性格而突显出张扬活跃的个性！此种色彩组合不失为一种保险的搭配，既能保持整体性，又不会轻易淹没在芸芸众生中。

三 可爱

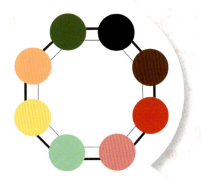

提取色谱

1. 可爱-1

相关意象

快活、甜蜜、可亲、有趣、童话般的。这种配色，仿佛梦幻般的、甜美又可爱的色彩世界。

配色要点

毋庸置疑，没有比粉红色更有发言权的可爱系色相。淡淡的粉红色总能让人联想到少女脸颊上的红晕，柔和而甜美。用粉红色搭配亮黄色、淡紫色即可打造稚嫩纯情的少女情怀，而配合使用较冷的淡绿色，则会让人觉得稚嫩而活泼。以可爱为主题的配色或者以暖色为主，点缀少量的冷色，或者以冷色为主，暖色点缀为辅，都能产生理想的效果。可爱意象的打造关键是要把握色彩的"柔和度"，只要避免"咄咄逼人"的配色方案，即避免些纯度太高或者明度太低的用法，任何色相都有"可爱"的一面。在服装设计中，我们可以在Stella maccartney、Chloé、Marc Jacob等的T台上经常找到可爱意象的成功案例。

Lacoste 作品　　　　　　　　　　　Marc Jacob 作品

　　以Lacoste 2009年春夏长款T-shirt为例，图中运用鲜肉色、杏黄色、山茶色、乳白色四色进行搭配，轻松营造了一种年轻、稚嫩、愉悦的气息，就像一朵早春初放的大丽花一般，虽然还没怒放却早已暗香浮动。深入其色彩原理就会发现这几种色彩的选择首先遵循了邻近色的原理，其次是在明度上的用苦良心：鲜肉色与杏黄色都选用了高明度来配合白色以达到视觉上的和谐感和感官上的健康感，运用在最底部的山茶色则选择了相对而言比较低的明度来为整件作品打造视觉上的重心。整件作品虽然没有性感妖娆的吸引力，却别有一番活泼可爱的少女情怀，"洛丽塔"的魅力又何尝不是另一种致命吸引力呢？Lacoste作为全世界最成功的运动休闲品牌之一，一直崇尚打造健康、年轻的品牌形象，在色彩上多采用明度较高的单色或双色搭配以突出简洁感，如图所示已为其色彩运用较多的作品，但是仍不失简洁感，就像年轻人的美无需多加修饰就浑然天成一样。

　　Marc Jacob作为当今时尚界当之无愧的"时尚领袖"，对时装一直有着自己独特的见解。相较于同样由他掌门的Louis Vuitton而言，Marc Jacob在自己的两个品牌（Marc Jacob 和 Marc by Marc Jacob）的创作上，显然更突显他的个人特征：反叛的外表和掩饰不住的浪漫情怀。"校园甜心"是Marc永不厌倦的灵感来源，比如Marc Jacob这件2009～2010年秋冬作品中，我们就可以看到设计师大胆运用亮丽的玫红，配合20世纪80年代风味的建筑线条来打造这件复古连衣裙。大片高明度、高纯度玫红色的运用，使得整件作品充满了能量，更将粉红色的可爱本性强调到了极致。整件作品在中间用黑色细条纹一分为二，顿时增加了连衣裙的立体感与丰富感，避免了通常纯色设计所带来的"无个性"困扰。当然也不可忽视在T台上饰品的搭配，模特围巾所用的更高纯度、较低明度的深粉红色能够与连衣裙的粉红色进行区分，同时又起到了衬托的作用，而绿色花纹的使用更是神来之笔，适当地缓和了"热烈"的气氛。两种色彩互相烘托，粉红显得更加娇贵，墨绿愈发青翠欲滴。

Ralph Lauren 作品　　　　　　　　Giles Deacon 作品

同样是以粉红色为主的作品，Ralph Lauren作品较Marc Jacob作品的"激进"显得更为"中规中矩"。其用色严格遵循色彩搭配原理，用大面积粉红打下可爱意象的基础，再配合小面积的亮黄、嫩绿、纯蓝和白在不同明度的间隔中强化跳跃感，即活泼感。整件作品在剪裁上也使用了较保守的款式，但是"保守"并非落伍，Ralph Lauren品牌正是通过对"可穿性"和"美感"双重标准的严格把关，才成为美国"实用美学"的代言人，其品牌也是美国最成功的服装品牌之一。

虽然前两例我们都选用了较为鲜艳的粉红色，但是不可否认，如同火烈鸟羽毛那般淡薄的粉色才是能自然而然带来"可爱"意象的最佳用色。法国设计大奖Andam获得者Giles Deacon的春夏作品，用绸面和薄纱等材质表现不同质感的"火烈鸟"，所营造出来如同甜美童话般的小礼服。整件礼服，上半身以高明度、低纯度的小麦色为底，加上银色绞花作为配饰，烘托出了不规则粉红图案的朦胧感；下半身同样在小麦色底上用白色薄纱和粉红色碎布共同打造出了仿佛只有可爱小公主才可以拥有的纯真、依稀的梦境。在这里高明度和低纯度是打造纯洁感和少女感的关键。

当然"可爱"意境，并不只限于上述几种颜色的运用，事实上任何颜色都能设计出甜美可爱的衣服，设计师Stella Maccartney就是这方面的高手。例如她2010年的春夏作品，在红色为主的底上，缀满粉红、粉白和墨绿色的小碎花，配合大褶皱裙摆和肩部不对称的荷叶边设计，让整件作品如同初夏一望无际的芍药花田。即使是大红色的运用也可以如此"不嚣张"，关键不止在于款式上的精心配合，更要感谢红色在明度和纯度上的控制，使其饱满而不刺眼。身着红裙的模特，仿佛是在花田嬉戏的少女，纯真而浪漫。

Stella Maccartney 作品

四 华丽

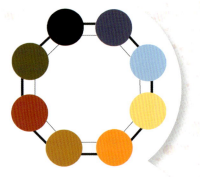

提取色谱

1. 华丽 -1

相关意象

亮丽、装饰、光艳。华丽与豪华相比，略显花哨和不稳。闪亮的材质最能体现华丽的感觉。

配色要点

各种明度和纯度的紫色，搭配得当都是华丽的最佳代名词。华丽感还与文化背景息息相关，对于华夏民族而言，没有比低明度高贵的紫色配上耀眼的金黄色更加华丽高贵了。有历史感的暗红色以及诱人的葡萄酒红也经常被用来作为华丽效果的底色，有一种不言而喻的奢华富贵感。总体来说，明度较低、纯度较高的紫色、红色组合，再加上黄色、橙色以及黑色的点缀，是营造"华丽"感的最有力武器。另外，华丽的颜色亦可部分采用浓淡不同的色彩，或部分采用强对比的组合，均能收到良好的配色效果。

Chanel作品

Valentino作品

"华丽"意象经常被用于贵族沙龙的内饰装潢，顶级珠宝的包装设计，比如Cartier首饰盒就是以深紫红色为底配以四周的金边。在服装领域，高级定制是华丽的不二代言人，Lanvin，Christian Dior，Chanel…这些老牌巴黎高级定制服装品牌都是"华丽"意象的缔造者。以Chanel 2009～2010年秋冬高级定制作品为例，我们就可以看到Karl Lagerfeld用简单的紫红色和黑色（除肩部少许的金色亮片装饰外，我们可以认为此作品为紫红和黑色的两色搭配）打造出了无与伦比的华丽效果。诀窍就在于选色上：大面积绸面的使用，使整件作品主体的紫红色暗泛亚光，犹如上等干邑在玻璃杯中不同角度的折射光泽，优美醇香。黑色的神秘和稳重感为其增加了高贵的气质，蕾丝花纹上黑与紫红的交融又为作品平添了几分女性的妩媚与婉转。肩头紫红色和金色亮片的选择也不是偶然，近于互补色的小规模对比，为整件作品又增添了别致的效果。

相较于Chanel的高贵华丽，Valentino的作品就在华丽中带有一丝烂漫的气质。作为一直以上流社会贵妇为目标顾客群的意大利奢侈品牌，Valentino近年来并未掩饰其笼络年轻新贵的意图，如图所示的作品就是这种趋势最有力的证明。图中的大披肩式外套运用了不同纯度和明度的紫、红、黄，多色相、明度、纯度的对比，让整件作品显得异常绚烂多彩，同时又不影响由低明度的红色和低纯度的紫色及黄色所打下的"华丽"基调。避免了多色相配带来的"轻浮"和"凌乱"感。由此我们也可以得出这种"低纯度"华丽配色法，即适当降低色相的纯度，去"骄"去"锐"的同时保持华丽的优雅感。这种方式常用来表达传统华丽搭配法所不能传达的年轻活泼感。

YSL 作品

Ralph Lauren 作品

JP Gautier 作品

除了紫色之外，最被中国人认同的华丽颜色，当属金色。历代皇室贵族的宫殿、着装都使"金黄"这种色相贵族化。而在欧美，YSL作品的金盏菊色（金黄色加上暗红色或者暗紫色）也被认为是具有强烈感染力的富丽配色。以图所示这件1990年YSL经典高级定制服装为例，大师运用了金黄、红、黑、白等进行看似无规则的搭配，但是出来的效果却是出人意料的和谐，仿佛所有色相都在向着一个意向目标而努力——华贵！金色的高纯度为整件作品打下了华美高贵的基础，居于第二位的红色，通过明度的变幻加强了整件作品的感染力，而黑白色的穿插又增加了丰富感。整件作品就像一朵盛开到极致的金盏菊，艳压群芳。同样的原理也可以用来解释Ralph Lauren作品，橙色为底的晚装裙配上紫色和红色的小碎花，华丽感呼之欲出。不同的是这件作品的底色较之YSL所用的金色纯度稍低，明度更高，因此更有轻盈感，也让人感觉更年轻化。

将华丽意象运用得更出神入化的是JP Gautier作品，这里将金盏菊的两种色彩进行了不同比例、更紧密的融合。比如翻领上以金色为主导，融入少许的红色，调配出较高明度的橙色，而身体上则以红色为主导，以追求表现更高纯度、更有力的橙色。整件作品绚丽的红橙色让人移不开目光，这是设计师JP Gautier一贯热爱的大胆自信的表达方式。这种配色方案给人以"确定"和"高调"的华丽感，当然在实际运用中也更具风险性。

五 休闲

提取色谱

1. 休闲-1

相关意象

自由、个性、动感、开朗、舒展。休闲的意象体现自由自在、无拘无束、舒适、健康的理念。

配色要点

若想要打造休闲感，色相并不是重点，当然色相环中黄、绿、蓝等颜色的确比其他色更具有"休闲"的基因，但是只要熟稔地把握明度和纯度的调配，各种颜色搭配都能非常"休闲"，秘诀就在于明度要适中，纯度避免太高。这样的用色能够给人以"不刻意而为之"的感觉。当然也不能忘记"单宁"色（牛仔色），它也是打造休闲风不可或缺的元素。

2. 休闲-2

提取色谱

BCBG Max Azria 作品　　　　　　　　1.2.3 作品　　　　　　　　Temperley 作品

美国设计师是休闲风的领军人物，他们对服装的首要追求是舒适度和可穿性，没有欧洲设计师的偏执，他们反而能借着"亲和力"更快地创造出一个又一个服装帝国，BCBG Max Azria 就是这样一个品牌。BCBG Max Azria 作品即是色彩中纯度、中明度运用的典范：降低了纯度的紫罗兰色在丝绸面料的衬托下，去掉了一切尖锐乖张感，透露出娴静和雅致的气质。下半身的用色采用了明度更低的墨绿色，给人以一种仿佛来自大自然的随意感。整件作品的色彩搭配在一起，就像夏日一场大雨后茂密森林里铺满落叶的大地，浑然天成，丝毫没有刻意做作感。这样的作品乍一看似乎没什么出彩之处，但是却耐得住细细品味，让人愿意亲近，容易在最短时间内建立起好感。通常这样的配色能够给穿着者心灵上的放松感，因此在生活节奏越来越快的今日，这样的休闲风也愈发受欢迎。

1.2.3 作品，比起 BCBG Max Azria 作品显得更加轻松自如，休闲感更强。如果懂得色彩原理，我们就会发现原因其实非常简单：以下半身的长裙为例，设计师选择将各色相都设定为中等偏低的纯度，让原本水火不容的红、蓝、紫、黄和谐地成为一个整体，仿佛是各种色相都有了"牺牲小我，完成大我"的精神，各自收敛了个性，团结在"休闲"风的领导下。而整件作品的轻松感主要来源于相比较而言更高明度的使用，产生了视觉上的轻盈感。只有融入自然，融入人群，才能让自己的心灵先"休闲"起来，说的就是这种情况吧！

前面我们一直强调要降低纯度，那如果将纯度降至最低又有什么效果呢？Temperley 早春系列就是运用了最低纯度的灰色，只通过变化其明度而进行配色的作品。以上衣为例，我们可以看到设计师分别运用了高明度近似白色的亮灰色为基调，搭配中、低两种明度的灰色条纹，给人一种低调、寂静和沉稳的印象。这些印象都来源于灰色的特质，也是构成"休闲感"所必需的元素。但是灰色也常给人以无趣、无个性的印象，纯粹使用单一灰色甚至会让人觉得中庸、阴郁。要避免这些消极印象，就要善用明度变幻，如 Temperley 作品所示。这种配色原理被大量运用在不太正式的工作场合，有利于营造舒适自在的环境。

Agnes.b 作品

Philips Lim 作品

Mango 作品

  不只是灰色带有"休闲"的基因，只要适当搭配明度和纯度，暖色系也能展现出别样的休闲感，比如Agnes.b 的秋冬作品。低纯度的粉色大衣营造了一种朦胧的柔和氛围，休闲中加入了温暖的元素。作为内搭的长裙采用了灰色为底、暗红色格子线条，暗红色代表了女性的温柔，与休闲的灰色相配，营造了一种善解人意、轻松闲适的意境。Agnes.b是法国简约浪漫风的代表品牌，同名设计师Agnes.b女士善于运用柔和的色彩搭配简单的线条来打造休闲自然的女性形象，她的作品往往能将可穿性和艺术性融为一体，在时尚界具有很好的口碑。

  作为当今最具影响力的华裔设计师之一，Philips Lim总能完美把握艺术美感和商业性之间的平衡，如图所示的连衣裙，看似运用了粉红、咖啡、黄绿、粉蓝等多种色相，给人的印象却并不突兀混乱，关键就在于Philips Lim将大部分色相的纯度和明度趋于一致，营造了一种轻柔淡雅的整体感，尽显柔美自然的休闲感。

  当我们讨论配色"意象"或者色彩的个性时，必须切记这些概念都是建立在心理因素上的，因此都是随着社会的发展而不断演变的，比如中国的"高贵"色就有从黑到紫到金的漫长演变过程，而西方社会则认为蓝色是永恒的贵族色彩。当讲到表现休闲意象的颜色时，我们也不得不提这个具有深厚历史文化背景的色彩——单宁色。单宁为牛仔布的颜色，随着牛仔服和美国休闲文化的传播，单宁的"休闲"功力也备受肯定。比如Mango作品——小礼服，同样的款式如果不用单宁色来诠释，估计就要动用"梦幻浪漫"、"性感高贵"这样的形容词了，虽是多种单宁色的配合但其效果和谐统一又不失活泼俏皮，整体来看非常的休闲自在。可见单宁的"休闲"印象在人们的头脑中是多么的根深蒂固，这也是我们在服装设计和穿着中需要注意并加以利用的。

六 古典

提取色谱

1. 古典-1

相关意象

经典、高贵、古代、厚重、传统。古典的意象给我们带来久远的回忆，具有朴素、无华、敦厚、雅致甚至沧桑的特点。

配色要点

说到古典立即让人联想到泛黄的信纸，老旧的红木家具以及古典的油画。在复古风盛行的时尚界，古典配色方案备受欢迎。古典色偏向于一些温暖的色相，低明度、低纯度。具体运用中，以浑浊的暗黄色、褐色、咖啡色、酒红色、靛蓝色等低调而有内涵的色彩居多。将这些中性暖色适当搭配一些低调的原始自然色，如灰绿色等，轻易营造出复古怀旧的气氛，给人以旧时代的舒适与安全感。经典的黑白对比也经常被用作古典主义的表现手法，简单利落而又性格分明的黑白两色总能给人以老式黑白照片般的怀旧之感，让人欲罢不能。

Marni作品　　　　　Marc by Marc Jacobs作品　　　　　Balenciaga作品

"古典"又是一个具有历史文化背景内涵的意象,当被问及什么颜色让你觉得古典时,大多数中国人的第一反应是黑色、咖啡、酒红、白色,也有人回答金色(可能受西方洛可可艺术影响比较大)。在服装设计上,除了在款式上设计师们不厌其烦地打"复古"牌外,配色也能更有效、更不着痕迹地打造古典效果。如图所示这件Marni的2009年秋冬秀上的绣花连衣裙是否让你想起了熏香缭绕、古色古香的卧房,或者雕龙画凤的床榻?深绯色的低明度给人以久远的年代感,黑色珠片勾勒、营造出来的或明或暗的多层次感,更增加了这种依稀朦胧的氛围。颈部以黑色为底使用大量与补、对比色,以及高明度金色点缀其上,衬托出了黑色的大气和庄重。整件作品深暗的基调成功塑造了古典感,而细节处的丰富配色又让人觉得富丽堂皇。Marc by Marc Jacobs的抹胸连衣裙在配色原理上与Marni作品有异曲同工之妙,区别只在于这里用淡金色代替了暗绯色,我们也可以明显感受到一股华美古典的气质。这两件作品的诀窍就在于用饱满的暗色调来营造历史感,适当地加入金属光泽也增加了几分神秘气息,进而将年代拉得更远。

作为独立于有彩色之外的黑白两色,因其独特的色彩个性,在各民族的历史文化中都占有举足轻重的作用,因此也变为没有国界的"古典"色。Balenciaga的白色两截式套装,就很有20世纪60～70年代美国jet set风,虽然这里的古典只追溯到了半个世纪前,但是经典的直身剪裁配上简

Bottega Veneta作品　　　　　Ralph Lauren作品　　　　　Anne Fontaine作品

洁利落的白色，仿佛能立即将我们带入对美好旧时光的无限怀念之中。相比之下Bottega Veneta的"希腊女神"晚装裙，空灵飘逸，给人留下了更神圣和古典的印象。同样给人以古典感，却又是来自于两个时代截然不同的风格。尽管我们一直在讲配色的原理和意象，但是必须明白配色并不是服装的唯一元素，它需要款式和材质来作为载体。特别是像白色这样有可塑性的颜色，载体的作用就更加明显。因此当我们设计服装时，切忌形而上学，必须将配色和款式、材质综合考虑，只有三者齐心协力，才能完美表达设计者的理念。

黑色的古典气质与白色不同，它多了一份沉重的历史感，而少了一份飘逸轻柔感，让人觉得严肃的同时也有一种非凡的神圣气质，就像走进哥特式教堂迎面而来的崇高肃穆感。以Ralph Lauren作品为例，我们就可以明显感觉到这种玲珑线条下流露出的高贵典雅感。而当黑白两色配合时，就是Anne Fontaine作品的效果了，不需言语，经典的怀旧气质自然流露。再配上永远不过时的波普圆点图案，俨然20世纪60年代温婉端庄的淑女再现。波普图案为黑白搭配的经典之一，设计师们乐此不疲地将其与各种新元素搭配，造就了一波又一波的"复古风"潮流。人们常说流行是轮回的，那操纵这个转盘的就是热爱这些"古典"配色的设计师们！

七 清新

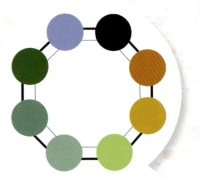

提取色谱

1. 清新 –1

相关意象

轻盈、洁净、透明、亮丽。清新透彻的氛围，给人以镇静、凉爽的视觉感受。

配色要点

没有什么比碧蓝的天空和一汪春江水更给人以清新感了。大自然中存在的这些原始的冷色调能够营造开阔辽远的感觉。蓝色是最能带来清新感的色调，以色相环中的蓝色为中心，向两边延伸分别为其邻近色绿色和紫色，这两种色彩也经常用于呈现透彻凉爽感，它们之间不同的明度和纯度的搭配又可以营造出不同的清凉感，或加入一份活跃的生命力，或增添一丝幽远的神秘感。在春夏服装设计中，清新的意象被大量使用。

Gucci作品

Bottega Veneta作品

  在闷热而又漫长的盛夏午后，一席蓝绿的裙装带来的沁人心脾的感觉就像是沙漠绿洲一样让人移不开目光。Gucci作为意大利时尚的代表品牌，在设计师Frida Giannini的带领下渐渐偏离了Tom Ford为其打造的"极度性感"定位，时不时有让人眼前一亮的简洁利落作品。如图所示的Gucci作品以天蓝色与白色条纹相间，并用从男装"借"来的极简衬衫版式，将清凉感表现得丝丝入扣而又不着痕迹。蓝白两色的配合就好像是初夏的晴空一样自然，我们经常所说的最保险的配色原理——自然法，说的就是这种情况。在这件作品中，无需多费笔墨，蓝色的清爽加上白色的空灵，自然生成一股"云淡风轻"的惬意感。在设计或者是日常穿衣选择时，"弹眼落睛"并不是我们追求的唯一目标，反而是像Gucci作品这样的设计更有亲和力。当我们越来越崇尚低调不张扬，当设计师愈发关注产品的可穿性，就是"清新装"的时代了。

  蓝色的邻近色——绿色和紫色，也是清爽效果的缔造者。当它们被提高明度，适当降低或者提高纯度时，就会带来不同风味的清爽感。比如Bottega Veneta的春夏作品，就是选用了偏紫色的蓝色，同时少许提高明度，在清新中又带着深邃感，就像一汪夏日林中的深潭水，裙摆的轻摆让人联想起晚风拂过的水面，一时惊起连绵的涟漪，清凉而静谧。

VFD作品　　　　　　　　　　　　　　Jean Paul Gaultier作品

　　在使用邻近色搭配的时候，我们又可以通过不同明度和纯度的使用，来弥补相近色相搭配层次变化上较为单一的局限性。如图所示这件VFD的早春作品，在黑色的半透明材质上重复运用圆圈图案，从蓝到紫色相的细微渐变，明度和纯度的和谐交替，给观者一种丰富的层次感，同时又不失整体的统一性。黑色的底色将整体的纯度拉低，又增加了一份深沉的神秘感，整件作品呈现出了仿佛盛夏深夜热浪已经退去后的凉爽与宁静。

　　再来看看绿色在清新感中的作用，想象一下清晨日出前的竹林，露珠顺着竹叶的脉络滚动，就像一部部清脆短促的乐章，欢快而又安静。如图所示这件Jean Paul Gaultier作品即是这种意象的代表作：宝蓝色的底纹加上以绿色为主的镂空装饰，清新气质扑面而来。色彩和款式上的多层叠加却未造成视觉上的沉重感，秘诀就在于调高了主色调的明度，高明度的蓝绿两色所营造的轻盈感随着模特飒爽的台步呼之欲出。绿色相较于色相环中的其他颜色有其更鲜明的个性特征：活跃，生命力，干净，纯洁……当绿色与同为冷色调的蓝色配合时，自然在一股清凉、镇静的效果中增加了一股其独有的朝气。Jean Paul Gaultier作为当今仅存的世界级高级定制设计师之一，以其不断的创新能力和苛刻的完美主义精神著称，在2010年春夏高级定制的T台上，他用音乐和冷色调的幽蓝背景，烘托出一个饱满的林间仙子形象。"每一件高级定制服装都是一件艺术品"，顶级设计师看似天马行空的想象力都是建立在扎实的设计功底上，在这件作品中，其对邻近色配色原理的准确把握就是其坚如磐石的核心，有核心才能向四周发散想象力，才能有条不紊，才能避免想象力成为脱缰野马，才能最终成就大师。

八 温馨

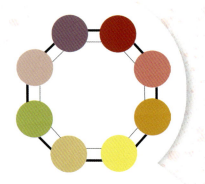

提取色谱

1. 温馨-1

相关意象

温和、柔软、暖意、稳定、恬静。温馨的意象效果不求华丽,但其内在所散发出的气质,能使我们充分领略不加修饰和带有意味的柔和效果。

配色要点

温馨首先是温暖的,即通常我们所指的暖色调:红、橙、粉。温馨的色彩处在"洁净"与"浑浊"之间,不轻不重的配色是其意象表达的特点。色彩组合对比不要过于鲜亮,要用中差色去变化它的色相和明度关系。在类似色的范围内,去挑选色相和色调,色彩元素的架构不需要有突出的感觉。如以橙、黄色系最为代表,较低纯度、较低明度的橙黄色就仿佛落日余晖一样柔和而灼热,又好像是冬日里昏黄灯光下其乐融融的家庭气氛,让人万般留恋。仍然是较低纯度,如果我们把明度稍稍提高,这些暖性的色相——红、粉、橙,甚至是紫色,就会在温馨的特质中更添一份柔美的女性气质。在服装设计中,温馨的意象被大量用于休闲家居服中。

2. 温馨-2

提取色谱

Guy Laroche 作品

Cèline 作品

　　秋冬服饰的设计中常会用到"温馨"这个意象，利用这类色彩的心理学作用，让穿者和观者都能够在冬日里面感觉到丝丝暖意，其中又以橙和红的能量最高。以 Guy Laroche 作品和 Cèline 作品为例，乍看之下两件作品几乎运用了一样的色相，整体明度低，纯度也低。特别是这件 Guy Laroche 的 2010 年秋冬作品，我们可以发现上衣的红色纯度降得极低，几乎已经失去了色相本身的性质，没有红色本身的嚣张气势，但是却多了一份娴静的温柔气息，而下半身的橙色，也坚持了这种较低纯度、较低明度的路线，但是更多地保存了橙色原有的"温暖"本质。上下身的搭配营造了浓厚的秋冬气氛，仿佛在寒冷冬日一步跨入了温馨装潢的客厅，对面迎来了热情好客的主人。再来看这件 Cèline 的秋冬作品，虽然一眼之下，觉得与 Guy Laroche 作品在色相选择上非常雷同，但是细细品味，却能发现两者的不同。Cèline 的这件作品中的红、橙选择了相比之下较高的明度，因此为其增添了一抹华丽色彩。在色彩三元素中，明度变化是最能够影响色彩个性的，即使是细微。如这两件作品的用色，都能明显感受到这种差别。另外 Cèline 作品中的红色虽然纯度也极低，但是却依然留有红色的余热，让整件作品相比起来更温暖，更活跃。虽然同是"温馨"的，但却让人觉得个性更强！

Prada作品　　　　　Marni作品　　　　　Rochas作品

  与前两件作品主要利用红、橙色系来打造温馨感不同，如图所示这件Prada的早春作品，主要运用了黄色系来营造气氛。黄色是一种具有温暖、和善特质的色相。在这件作品中，上半身的淡黄色，运用了偏高的明度来给人以轻盈感，让人在倍感温暖的同时又除去了冬日的沉重，就像早春三月的阳光，温馨中带点凉意。下半身的卡其色是黄色的近邻色，休闲而大方，居家感十足。整体作品给人"温"而"润"的印象，表达了十足的早春心情：微凉的温度以及对阳光的渴望。这里的淡黄色除了表达了亲和感外，更为作品增加了十足的纯真女性魅力。

  同样是黄色系作品，如图所示这件Marni的作品就更像一碗冬日的生姜汤，喝完让人从内心暖和起来。整体所用的低纯度、低明度的姜黄色给人以浓郁厚重感，在这里我们找不到如Prada作品中的清淡纯真气息，反而能在姜黄与灰色的交错中体会到些许成熟温暖的女性魅力。整体基调的暗浊让人联想起老式沙龙里的复古摆设，好不温暖怀旧！

  再来看一件主要以红色系打造的"温馨"作品：如图所示这件Rochas的2010年秋冬作品，较高明度的粉红色长裤搭配上半身的低纯度红色，虽似三种色相的交错，实则都是红色的三种状态。因此整件作品虽然明度较前几件作品都来的高，但是却并没有冷感，秘诀则是保持了红色本性中的火热。高明度降低了"火热"的能量，但并未改变其温暖的本性。在此作品中，除了暖人心怀的温馨外，我们更能感受到一种女性的浪漫柔美气质。这也是Rochas成衣在新设计师Marco Zanini接手后所一贯呈现的风格：温暖、甜美、妩媚。

九 快乐

提取色谱

1. 快乐-1

相关意象

愉快、快活、健康、精力、明朗。快乐是充满阳光和幸福的概念,亦是年轻、活泼的象征。

配色要点

高纯度的橙、黄色让人联想到明媚的阳光和盛开的鲜花,给人以欣欣向荣、积极向上的感觉。以橙黄色系为主搭配纯度较低的洋红色以增加趣味性,搭配清新爽朗的蓝绿色则加强轻快活跃感。打造"快乐"意象的关键是要把握色相、明度和纯度的对比,有对比才有跳跃感,才能让人眼前一亮。高纯度、高明度的运用是必需的,它能够给人以饱和感,有很强的感染力。而低纯度、高明度的配色,则能营造出别样的甜美快乐感。

Bottega Veneta 作品　　　　　　　　Diane von Furstenberg 作品　　　　　　　　Marni 作品

　　Bottega Veneta是一个善于利用条纹的品牌，不管是连衣裙材质上的褶皱，还是印花布上的线条，都让人印象深刻。以这件2010年的春夏作品为例，虽然是金黄色与白色相间的配色，但是人眼具有将图案自动简略化的功能，因此看起来这件作品给人的印象就是一片金黄色的喜悦，像初夏一整片的向日葵田，能够燃起人们对于生活的热情和希望。高纯度、高明度的黄色具有提神和吸引眼球的作用，让穿者和观者都精神抖擞。

　　同样以金黄色作为主色调的这件Diane von Furstenberg作品，金黄色以光芒状出现，与黑白两大无彩色搭配，轻而易举地将整体基调定为亮黄色的明朗欢快。黄色和白色的高明度，给人以一种轻松愉悦感，一上来就有一股青春逼人的气势。黑色线条的点缀，以最低的明度与黄、白产生强烈视觉对比，让整件衣服的个性鲜明起来，并起到了修身和打造线条的作用。整件作品就像一个无忧无虑的少女在田间奔跑，与阳光嬉戏，没有比这更纯粹而简单的快乐画面了！

　　上两件都是黄色占了主导地位的作品，让我们再来看一些黄色与其他颜色搭配所营造的别样的"快乐"意象。如图所示这件Marni的2010年春夏作品，以黄色搭配与其为互补色的紫色，以及对比色的红色，亮度的一明一暗以及纯度上的强烈对比，形成了春花浪漫的效果。此件作品中虽然黄色的面积并不占主导地位，但是凭借高明度、高纯度的视觉扩张效果，"欢快"仍然是它的主要意象，而红色和紫色的加入，则更添缤纷热闹的气氛。

Moschino 作品　　　　　　　　　　　　Dries Van Noten 作品

再来看如图所示这件Moschino的作品，我们会发现仍然是运用金色为主色调，与Marni作品不同的是，设计师选用了色相环上的互补色——紫色及其另一个方向的对比色——蓝色来作为搭配色。虽然在色相环上的间隔相仿，但是所形成的视觉效果全然不同。Marni作品来得更加热烈欢愉，而这件Moschino的连衣裙则让人感觉飘逸浪漫但是又不失轻快。原因首先在于蓝紫色系本身的"凉"性，能够带来轻盈感，其次则还是明度和纯度的功劳。Consuelo Castiglioni 设计的这件Marni，继承她一贯的明快艺术家风格，大胆运用明度和纯度差别大的色相来表达奔放的感情；同为意大利高端品牌的Moschino，则采用统一明度和纯度的手法来柔和对比色相所产生的冲撞，最终打造了如图所示一气呵成的整体感。与此同时，也证明低纯度、高明度所能带来的轻快情调。

不可否认，"快乐"是年轻时代更容易达到的情绪，因此在很多"快乐"意象的作品中，年轻化也是其一个附属特性，如以上四件作品，都带有明显的青春朝气。那是否在针对更成熟的受众群时，我们就不能利用"快乐"意象？是否当我们年纪渐长的时候，穿着太"快乐"就不得体了呢？当然不是！只有经历了岁月的历练，才能领悟到快乐的真谛，生命的意义，如此表现出来的快乐才让人真正向往。正如如图所示这件Dries Van Noten的作品，仍然运用了与Marni一样的金色和红、紫的搭配，但区别就在于降低各个色相的明度与纯度，使其在快乐中更显示出一份沉稳的个性，一种成熟的魅力。黄色的邻近色——墨绿色的加入，让两组互补色（黄紫、红绿）在暗中达成平衡，这也正是此件作品看似运用多种颜色和复杂的几何图案，但仍然一丝不乱的诀窍。

╋ 梦幻

提取色谱

1. 梦幻-1

相关意象

优雅、轻盈、神秘、柔和、朦胧。梦幻的意象常常通过浅灰色调表达柔和、虚幻的内涵。

配色要点

低纯度的粉红、粉蓝、绿、黄……都是带有梦幻色彩的色相，它们有着低纯度的共同特征。如果同时降低它们的明度，就似褪色的梦境，给人以静谧安静感；相反若提高明度，就能给人以辽远飘渺的不真实感。不管怎样，类似色彩的搭配都带着童话般的美妙虚幻感，搭配的关键就是要通过降低纯度以达到模糊各色相之间差别的效果。最具代表的是以蓝色为主的色调，范围限制在紫色、绿色等冷色内，仿佛月光下的精灵世界，是体现夜晚或水中的感觉时必不可少的情调。

Moschino作品　　　　　　　　Oscar De La Renta作品　　　　　　　　Christian Dior作品

　　Moschino与Oscar De La Renta这两件作品都以粉红、橙黄、粉蓝三色为基本用色，都将各色的纯度降至较低以达到似真似幻的飘渺感。其中Moschino的这件意大利品牌的内搭上装以淡淡的粉红色为基调，各种辅助色充分融合以达到很好的统一感，配合粉色西装外套和粉蓝色铅笔裤，在梦幻中带着丝丝甜美。而Oscar De La Renta的作品相比而言，更多利用了橙黄色的色相个性，在朦胧的梦幻感中又不失活泼的个性。两件作品都运用了最能呈现梦幻意境的色彩，但是所侧重的色相又有所不同，导致了同样在梦幻意境下不同的个性偏向。

　　同样是运用了高明度、低纯度的色彩搭配，大师们又是如何在打造梦幻感官感受的同时，加强各自品牌的个性魅力的呢？Christian Dior作品和Valentino作品为同季的高级定制服，通过这两件作品，我们可以感受到大师在色彩运用上的炉火纯青。两件作品都运用了玫红和冷感的蓝绿两色相搭配，John Galliano选择用半透明真丝材质来演绎玫红色的女性气质，透明度降低了玫红的纯度。同时，让人意想不到的是将更低纯度的冰蓝、浅草绿立体花点缀其上，朦胧中仿佛仙境中的霜花，呈现了一种梦境所特有的脆弱和神秘的美。搭配下半身的银灰色，更加强了冷感和辽远感。大面积的玫红奠定了这件Christian Dior作品成熟的女性魅力。相比而言，Valentino作品的吊带连衣裙只在裙摆处运用了鲜艳的玫红色，并在边缘处用降低纯度和明度的手法来柔和过渡到其他色相，这种低调自然的过渡方式，最能打造"梦幻感"。肩带的草绿色与裙摆的玫红遥相呼应，点缀在裙身主体接近于肌肤色的淡粉红两端。这件连衣裙主体部分运用了比之前作品更低的纯度，但是局部小面积的肩带和裙摆则反其道加强了纯度，形成了视觉上的对比，仿佛在梦境中漫步时一转身出现的神秘花园，充满了惊喜感。

Valentino 作品　　　　　　　Lanvin 作品　　　　　　　Marni 作品

　　很多人认为做梦是少女的专利，穿着梦幻也是少女的特权，因此代表少女的粉红色在梦幻意象的构筑中也具有当仁不让的特殊地位。如图所示这件Lanvin的春夏礼服，不同纯度的两种粉红色在大师的演绎下层层叠叠地构筑了一个如同少女梦境般的纯真意象，带点懵懵懂懂而又不知名的甜美感觉，让人无法抗拒。作为底色的粉红色纯度更低，安静而温柔。点缀其上的用薄纱材质演绎的深粉红色虽然本身纯度较高，但是利用了材质特有的透明度，又给人以更多的飘渺感。Lanvin作为红毯女星最偏爱的高级定制品牌之一，有着自己独到的对彩色的理解。同样是以粉红色为主，我们再来看Marni作品，这身剪裁极其简洁、线条可以说十分单一的两件套到底有什么魅力呢？上半身的粉红色纯度极低，在降低纯度和明度的同时，也降低了这件上装的"温度"和"躁度"，虽然是红色系却在炎炎夏日给人以安静清凉的感觉，也丝毫没有紧张感，让人能够轻易卸下心房，对其产生怜爱之情。下半身简简单单的淡柠黄色则更加强了这种纯情和不谙世事感，使整件作品的年龄段又往下降了一级。

十一 干练

提取色谱

1. 干练-1

相关意象

醒目、刺激、理性、坚强、开朗。采用明度的强对比，给人强劲有力、充满活力的感觉，即使用色不多，也能体现干练的意象美。

配色要点

"干练"是立足现代社会必须具有的品质，当社会对职业装的需求越来越大时，"干练"也成为设计师最常用的意象之一。美国设计师是打造"干练"着装的大师，Ralphe Laurent和Donna Karan正是因为其利落干净的配色得到全世界的认可。深入分析成功的职业装，我们可以发现"干练"意象的打造秘诀就在于利用明度的强对比。在色彩三属性中，明度是最能够引起视觉差异的因素，这也是为什么我们在办公环境中发现大量黑白对比的运用，明快、利落和引人瞩目是这种搭配方式给人留下的第一印象。同理也可以用于解释为什么很多标志牌都选择黑黄配色。

2. 干练-2

提取色谱

Givenchy 作品

3.1 Phillip Lim 作品

Balenciaga 作品

  不管何种色相，将其明度提至最高则会得到白色，相反则会得到黑色，因此黑白搭配是明度对比最大的组合。它能够给人以简洁明快、精神抖擞的第一印象。为了强调高效干练的感觉，大部分设计师都会选用黑白色来演绎职业装。对于如图所示的这身 Givenchy 的套装而言，我们可以看到经典的上白下黑的配色，在利落中更显平衡感。作为高级定制服装，Givenchy 的这身套装的亮点在于半透明的内搭衫，忽略其材质和造型上的亮点，单看从透明到白到黑的色彩变幻，柔和过渡了上白下黑的搭配，避免了"经典"通常难免的单调和死板。这件作品虽然只运用了无彩色，却让人感觉到了色彩上的极大丰富。

  如图所示 3.1 Phillip Lim 的春夏作品，以白色为底，并用黑色为界将白色无袖裙装一分为二，虽然不似 Givenchy 作品运用了相等的黑白面积，却同样能够营造一种别致的利落平衡感。而灰、褐，甚至似有似无的绿色点缀其上，让整件作品呈现干练感的同时又不失趣味。

  以上两件作品皆以黑白色搭配为主，虽然配色方式在细节上有所不同，但是达到的简单精干效果却是一样的。

  只要抓住明度的对比，我们便可以将这种黑白干练效果延伸至其他色彩。以 Balenciaga 作品为例，在蓝、紫、灰参与的情况下，整件作品仍然呈现出统一的、纯净的，如同黑白两色般的果敢、精炼。深入色彩搭配原理，我们发现还是明度在起决定作用。调低蓝、紫等颜色的明度，当各色相的明度都趋向于黑色，其产生的效果也一样。因此我们在这件作品中只看到了上半身有条理、有节奏的明度变化，有力、有韵律。

Lanvin 作品   cheap and chic 作品

  黄色是各种有彩色中明度最高的色相，这也是为什么很多交通路标都是用黄黑配的目的——为了能够在第一时间吸引注意，简单明了地快速传达信息。通过如图所示的这件Lanvin作品我们可以得到更直观的感受。以高明度的黄色为主题，肩膀处别出心裁的黑色搭配，起到了对比的作用，立刻提升了整件作品的"精神度"，让人觉得神采奕奕、精力充沛。虽然是一件晚礼服，却出人意料地在华丽感的同时增加了干练的感觉，这就是强明度对比的作品。

  相同原理可用来解释为什么cheap and chic（Moschino副牌）小礼服能如此夺人眼球。虽然运用了粉红这种通常被认为非常柔和的色彩，但是适当地提高亮度使其接近于荧光的效果，与黑色的低明度形成了鲜明的个性对比，也让这件礼服清新夺目：既拥有女性的性感，又展现了伶俐聪慧、不拖泥带水的个性魅力。

十二 稳重

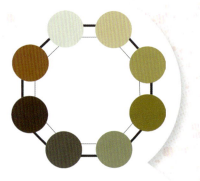

提取色谱

1. 稳重-1

相关意象

沉稳、安静、质朴、浑浊、男人味。由稳重构成的意象具有饱满而丰厚的特点。体现成熟、古典、沉稳的含义。

配色要点

稳重的关键是"重",如何来打造"有分量"的视觉感受呢?明度要低,这是首要元素,利用色相环中本身明度较低的蓝色、紫色、绿色、紫红色等冷色系列的色相以及灰色、黑色等无彩色系列的色彩,或者硬性降低颜色的明度都能达到这种效果。稳重感的另一面就是低纯度,并要明确这种低纯度来源于灰色和黑色两种无彩色的加入(加入白色以降低纯度是需要避免的)。参加重要会议,气氛肃静庄严的社交活动,都需要稳重的着装。它是身份和社会地位的象征,同时能够为穿者赢得更多的信任。

❷ 稳重-2

色谱提取

ETRO作品

3.1 Phillip Lim作品

Rochas作品

　　稳重意象被大量运用在男装的设计中，用来加强男性被依靠、被信任的社会角色特征。我们可以发现在传统的男性服装中，一般都遵守明度较低、纯度较低的配色原则。如图所示的这件ETRO的秋冬作品，我们可以发现在整体低明度的环境下，主要运用了介乎于黑和灰之间的低纯度色相，让人几乎难辨其色相本色。低明度、低纯度的交相辉映给人一种深沉的力量感，能够留下稳重可信的第一印象。

　　在女性承担起越来越多社会责任的同时，我们也发现女性服装中的稳重元素多了起来，比如这件3.1 Phillip Lim的秋冬作品，整套服装虽然运用了绿和红的互补色对比，但因为同时降低了两者的纯度，在视觉感受上营造了一种奇妙的平衡和谐感。虽然内搭裙装采用了明度偏高的亮灰色，但是却并没有破坏整件衣服低纯度带来的秋冬厚重、温暖感。通过这件作品，我们更能肯定低纯度在打造稳重感方面的功力，特别是当这种低纯度效果是由在色相中混入黑色所得到的，它的稳重效果最具分量。在这件作品中更是盖过了高明度灰色的影响力，奠定了其稳重的内在个性，而红、绿这一组特殊的互补色对比，则在稳重中加强了神秘感，突出了整件作品的女性特征。

　　再来看另一个纯度极限所打造的稳重效果。如图所示Rochas 2010～2011年的秋冬作品，我们可以看到它运用了多种低纯度的色相，各色相都因注入了大量的灰色而使本身的色相个性模糊不清，从而和谐地统一在灰色的领导下。虽然作品中运用的中低明度对整体的"稳健"感贡献不大，但是接近灰色的极端的低纯度，却能突出这种庄重感，同时多色相的变化又能够轻松避免过分的"老成"感。

Cèline作品　　　　　　　　　　　　　Gucci作品

　　相比于Rochas作品，Cèline作品有着更低的明度，因此它给我们的视觉感受来得更沉重。深灰色的短裙和同样色系的皮外套成功地加重了整套服装的视觉感受，而胸前的深红色，不仅再一次用低纯度来加强了稳重感，更给整身服装起了提色的作用。红色本身具有高纯度的本性，而此件作品中，更在原本基础上降低了纯度，达到了加强重量感的整体效果。

　　我们最后来看一件运用纯度最低的紫色来打造稳重感的作品，Gucci的秋冬作品在整体低明度设计中，设计师Frida Giannini变着手法将紫色以多种形式加入灰色的底色中，不仅让整件作品在色彩丰富感上达到了极大的成功，同时紫色的低纯度又将这种神秘的深邃感扩散，配合深灰色的沉稳感，最终成就了这件稳重中略带神秘女性气质的套装。我们可以发现虽然同为紫色，作为打底衫的紫罗兰色和以条纹形式出现在套装外套上的深浅相间的紫色，明度各不相同，纯度虽然都低，但是却又有着细微的差别。将一个色相进行多种明度纯度的变化，并用在一件作品中，能够很好地在维持统一意象氛围的同时，创造多变性。在传统"稳重"的灰、黑用色中加入如同Cèline作品和Gucci作品中的红、紫等色，是女性工作套装的一个趋势，它既能展现女性的柔媚气质，同时又展现了她们专业、稳健的做事风格。

十三 神秘

提取色谱

1. 神秘-1

相关意象

奇异、迷幻、隐秘。变幻莫测、出其不意、似梦似真的意境是神秘追求的理想效果。

配色要点

就色相而言，蓝紫相融是最具有神秘色彩的，如深海一般让人充满未知感，又如紫水晶般有着不可预知的神秘力量。在深入研究色彩三属性之后，我们也知道色相并不是色彩感受的决定因素，比如在"神秘"意象的打造中，一般而言，就是纯度决定了一切——低纯度。纯度越低意味着越多色彩的混合，当我们肉眼看到"难辨雌雄"的混合色彩时，就会自然生出神秘玄妙感，想要一探究竟却始终得不到正解，这种情愫让人神牵梦引、欲罢不能。同时，我们要了解，任何意象效果的表现都不可能用一成不变的公式来套用。在一些对比色相中，采用大面积的较低纯度与小面积的较高纯度的搭配，也能营造出神秘莫测的意境。

2. 神秘-2

色谱提取

Christian Dior作品

Oscar De La Renta作品

Dries Van Note作品

  当色彩的纯度，即通常所指的饱和度极高时，色彩的个性就相当的清晰，红得活跃、绿得生动；当色彩纯度降低，则表明有多种色彩的加入，色彩的个性就一下显得神秘莫测。如果再加上低明度的效果，就会给人一种乍看之下浑浊昏暗，细细品味却韵味十足，神秘优雅。这也是为什么大品牌偏爱使用暗色调的原因，谁都不想让人觉得肤浅无知，只有那些深沉有个性、一眼看不穿的衣服才能给人以持久的吸引力。比如如图所示的这件Christian Dior的高级定制服，下半身的纯黑长裙既奠定了整件礼服的视觉重心，又营造了深不可测神秘氛围。而上半身的紫色纯度也维持在较低水平，散发出含蓄和蛊惑的魅力，特别是因材质而显现的时隐时现的光泽度，更增加了这种魅惑的力量。虽然同是低纯度配色的作品，Oscar De La Renta作品却给了我们不同的感官感受。对于这件作品，我们首先感受到的是：蓝、紫、黑的交融，色相间的界线不明，总体的低纯度和低明度又加强了这种的深邃感。在这件礼服中，紫、蓝色继续保持着低纯度，但是明度相对于Christian Dior作品来得较亮，因此造成了这种浑而不浊的印象。肩部深褐色与黑色的交错更坚定了整件作品暗色的基调，配合较亮的蓝、紫点缀，就像是在充满神秘色彩的浓密森林深处透出了蓝紫色亮光，令人神往。

  以上两件作品总体来说都是低明度、低纯度的作品，是否高明度就会破坏了神秘的气质呢？也不尽然。以图Dries Van Note作品和ETRO作品为例，就可以发现虽然两者都是以高明度的色相为主进行的配色的作品，但是在透明飘逸感的背后，却有一股遮掩不住的神秘幽远。在Dries Van Note

ETRO作品　　　　　　　　　　Prada作品　　　　　　　　　Balenciaga作品

　　的这件春夏作品中运用了大量低纯度、接近白色的蓝色。很多人在提到低纯度时，通常会忽略这一类加入了白色后明度较高的色相，误以为所有低纯度都是暗色调的，其实不然。这件作品中的淡蓝色就是纯度极低而明度较高的色相，将它与近似纯度和明度的淡黄色相配，可以让我们明显感受到一种无重心的飘荡感，虚无神秘感。ETRO作品也是同样道理，虽然主要色调运用了紫色，但因为运用了较多接近于白色的低纯度色相搭配，比如粉红、淡紫、淡蓝，最终打造了一种似有似无、似真似幻的梦幻神秘感。当然当明度提高后，自然会除去一部分沉重感，让服装看起来更年轻化。

　　当混合多种颜色以达到较低纯度的效果后，即使只使用一种色相，也会让整件服装给人的印象变得玄妙不可言。当使用多种色彩搭配，而每种色彩的纯度又接近时，则会出现另一种感官上的"神秘"：就像明知道性格不同，甚至南辕北辙的色相，却以一种难以名状的和谐感统一在一起，变幻出更多的神秘莫测来。以下两款便为相似纯度搭配的案例。Prada的这件小礼服，紫、红、蓝，甚至是白，四种色相的综合，却意外地让我们有一种一体的感受，原因就在于这些色相都选择了高明度、低纯度的呈现方式。当纯度和明度接近时，色相之间的界限往往就变得模糊不清，是白色又似乎透出一丝紫色来，虽然是紫色又带着粉红的气质……就这样营造出了一种飘渺神秘的气氛。同理可解释Balenciaga这件的作品，虽然和Prada作品相比设计师走了另一个极端——低明度低纯度，但当蓝、绿、紫、黑统一在相似的明度和纯度下，我们看到的就只剩下意味深长的深邃和摸不着底的神秘感。

十四 民族

色谱提取

1. 民族-1

相关意象

热情、浓厚、神秘、传统、喜庆。民族艺术的色彩意象一般用于喜庆节日，具有对比鲜明、色彩强烈的特点。

配色要点

民族这一概念，比任何意象都更依赖于文化背景。对于一个法国人和一个中国人，他们固定思维中的民族色必然是南辕北辙的。我们这里所说的民族配色，是建立在中华民族五千年悠久而灿烂的文化基础上的，比起其他国家，我们的民族民间配色更为丰富多样：红配绿（年画），白配青（瓷器），紫配金（古代官服），黑配白（水墨画），还有著名的五行五色（青、绿、赤、黄、白、黑）。在服装设计中，先人留给了我们无比丰富和让其他民族艳羡的财富。提取民族艺术的色彩，应不拘模式化地选择最具代表性、典型性、最有原始风、最能反应本土文化特色的色彩。

2. 民族-2

提取色谱

Shiatzy Chen 作品

Dries Van Noten 作品

Etro 作品

  当"民族的就是世界的"口号越喊越响亮时，越来越多的华裔设计师借助民族的设计和用色在国际上崭露头角。比如每年在巴黎时装周亮相的Shiatzy Chen，她的服装设计和秀场布置都运用了很多中国元素，在色彩搭配上也是可圈可点。以如图所示的Shiatzy Chen的这件秋冬作品为例，我们就可以看到设计师运用了青、白和黑这三种五行色中非常具有民族情节的色彩。以深青色为底的上衣，用较低的明度来表达深厚的时代感，同时又用提高其明度的手段来增加独特的东方神秘气质。右半身用黑白两色的不同明度和纯度的交织，呈现出一幅意境幽远的山水画，提升了整件服装的灵性和古典韵味。

  相比于Shiatzy Chen作品的深远静谧，Dries Van Noten作品呈现了完全不同的气质个性：华丽、亮眼，活力四射。红、黄、绿、紫四色相间，都采用了较高的纯度，虽然并没运用传统的图案，但这样的色彩组合已经足以让人联想到民族建筑的雕梁画栋、传统服饰的金丝银线。特别是近几年东方文化尤其是中国文化的崛起，让全世界范围内的大设计师都将中国元素、传统用色作为一大热点。

  除了在Dries Van Noten作品中我们可以觉察到这种明显的中华民族气息，在如图所示的Etro的长裙中我们也可以找到些许民族特征。仔细观察这件服装的选色：绿、紫、黄、红、白、黑……不是传统的五行五色就是其邻近色，因此当这些看似没有规律的色彩组合在一起，就能传达出最有力的民族气质。整体的低纯度为整件服装注入了无尽的能量，并静静地、低调地往外辐射，具有非常大的感染力。

Rochas作品　　　　　　　　　　　　　Chanel作品

　　大多数设计师在打造民族意象的时候，通常都会结合华丽因素，这也是理所当然的。在"less is more"横行了十几二十年后的时装圈，人们也开始渐渐怀念那些色彩饱满的旧日华丽，既然是"旧日"的就免不了是民族的，如Rochas这件金色和白色相间的作品。设计师Marco Zanini掌门Rochas成衣品牌之后，虽然少了一份如Olivier Theyskens般天马行空的极致奢华，却也时常在其温暖的小情小调中加入一两件如图所示这样的亮眼作品。在这里我们可以看到设计师用心良苦地将各种中华民族元素融合在一起，剪裁上处处从中式旗袍汲取灵感，色彩上更是运用了中国传统的贵族色——金色，同时用白色环绕，既淡化了金色的嚣张气焰，也增加了一份低调的华丽。

　　如图所示，Chanel的这件红色小礼服的喜气让人立刻联想到中国民族服饰中的嫁衣。确实，高纯度的"中国红"在中华民族中有着特殊的意义，并占有重要的地位。红色是传统喜庆宏大场面的专属色，也是最代表女性魅力的颜色。在这件礼服中，除了中国红这一典型的民族色外，我们可以看到金色与黑色的加入。以各种花型高调出场，使这件上衣在精致度和华美度上更上一层楼，也更加古色古香。黑、金两色各自运用了细微的纯度明度变化，增加了整件服装的色彩丰富感，让地道的民族气质和多层次的现代感完美融合在一起，也显示了大师Karl Lagerfeld深厚的服装设计功力。

04

第四章
肤色与服色

到目前为止，我们一直在讨论在什么场合、什么时间、穿什么颜色的衣服比较好，但还有一个问题更重要，那就是我们自己适合什么颜色的衣服呢？有时，我们非常想给对方留下一个好印象，于是任凭感觉来选择自己的喜好色，可是如果这种颜色并不适合自己，结果将会适得其反。因此，当我们面对五彩缤纷的服装色彩时，想让颜色更好地为我们服务，就必须先弄清楚自己的肤色最适合什么样的服色。所谓"个人色彩体系"，是指根据个人的肤色、脸色、眼睛以及头发的颜色等找到适合自己的一个颜色体系。形象设计师大多使用个人色彩系统为人们设计形象。在这里我们就为大家简要介绍这个体系。

找到适合自己的色彩类型

如何才能让色彩为你服务呢？色调的把握是关键，所谓的色调就是说您穿戴的服饰的颜色是艳的还是浊的，是暖的还是冷的，是淡的还是浓的。只要选择了最适合自己的色相、明度和纯度，您就可以穿着色轮上几乎所有的颜色。如有的人从不穿绿色，认为绿色会使自己的肤色更显灰暗疲惫，其实绿色有很多种色彩倾向，您穿黄调的嫩绿色不好看，是因为您是冷色系的人，如果穿蓝调的绿，如墨绿、清水绿、云衫绿，那将是另一番意想不到的效果。又如有些人穿深艳的红色可能很漂亮，但橙红色或者粉红色则不行。它们虽然都是红色，但存在色调的区别。

以绿色为例体现出的丰富色彩变化，我们每个人都可以在上面找到适合自己的颜色。

我们面对五彩缤纷的服装色彩，究竟哪一种、哪一类颜色是属于自己的呢？目前流行的"四季色彩理论"体系给我们找到了答案。"四季色彩理论"的重要内容就是把生活中的常用色按基调的不同进行冷、暖以及明度、纯度的划分，进而形成四大组自成和谐关系的色彩群。由于每一组色群的颜色刚好与大自然四季的色彩特征吻合，因此，便把这四组色群分别命名为"春"、"秋"（暖色系）和"夏"、"冬"（冷色系）。在穿着打扮上，我们自己的身体具有的"色彩属性"与我们选择的最佳服饰色调以及我们自身的气质应该是相一致。

首先我们要认识个人的"皮肤色彩属性"，您的"色彩属性"决定着您穿某些颜色是漂亮的，而穿某些颜色不太好看。确切掌握自己的皮肤色彩属性是极为重要的事。无论什么种族，我们把人的身体色特征区分为两大基调——冷色调和暖色调。当然，也有少部分人的身体色特征在冷暖调的区别上不明显，属于混合型的人。

人的皮肤色彩属性分为两大基调——冷色调和暖色调。

用测色布来测试人的皮肤属性。通过比较右图偏深的蓝色最适合，使肤色更清澈干净，而其他的色彩对肤色来说太平淡模糊。

形象设计师大多是通过几组不同色调的布来测试人的皮肤色彩属性,我们自己也可以用这个简单的方法来测试。先找来两个色彩样本,一个是蓝色布料,一个是红色布料。色彩样本可以是布料也可以是衬衫等,总之,能起到对比作用的物品均可。然后,在明亮的房间中,站在镜子前分别用两个样本和自己的脸作比较,看哪个样本能使自己的脸色显得更好看、更健康、更有生气。适合冷色调的人,一般来讲,皮肤的颜色中略微带有蓝色或粉色。他们除了适合白色外,紫色、明亮的蓝色、柠檬黄等也不错。适合暖色调的人,皮肤的颜色中略微带有黄色。他们比较适合乳白色、黄绿色和橙色等颜色。了解了自己的肤色是冷色调还是暖色调以后,要再按照春、夏、秋、冬进行分类。确认一个人是属于春、夏、秋、冬中的哪一个类型,要进行详细的咨询与认真的测试。

在肤色为暖色调的人中,头发是茶色、眼球也是茶色,肤色偏浅,皮肤透着象牙白、珊瑚粉的人属于春季型的人。拥有暗茶色的眼球、深茶色头发,肤色偏暗,皮肤透着金黄、褐色的人属于秋季型的人。属于春季型的人具有少女的特征,所选择的服饰应该是带黄色调的暖的、淡的、艳的色彩。这些色彩能让人更加亮丽、鲜活。而属于秋季型的人则给人一种成熟、高贵、华丽的印象,所选择的服饰应该是带黄色调的、暖的、浓的、浊的色调。

在肤色为冷色调的人中,头发和眼球是黑色或深茶色,而脸颊是粉红、玫瑰色的人属于夏季型的人。黑头发、黑眼球,偏灰褐色、蓝青、暗紫红脸颊的人则属于冬季型的人。属于夏季型的人具有恬静、优雅、飘逸的气质,所选择的服饰应该是带蓝调的冷的、淡的、浊的色彩。而属于冬季型的人则给人一种个性、冷艳、时尚、大气的印象,所选择的服饰应该是带蓝调的、冷的、浓的、鲜的色彩。

通过上面对四季色的了解,我们再来看看下面这几组色系中哪一组颜色的服装您穿起来更好看呢?

不同色系

二 不同色彩类型的适合色搭配

1. 春季型人

用黄基调扮出明亮可爱的形象。

适合色的举例

配色要点

春季型人的服饰基调属于暖色系中的明亮色调，如亮黄绿色、杏色、浅水蓝色、浅金色等，都可以作为主要用色穿在身上，突出轻盈朝气与柔美魅力同在的特点。春季型人适合的白色是淡黄色调的象牙白；选择红色时，以橙红、橘红为主。在选择灰色时，应选择光泽明亮的银灰色和由浅至中度的暖灰色，注意让它们与桃粉、浅水蓝色、奶黄色相配，会体现出最佳效果；春季型人适合带黄色调的饱和明亮的蓝色。浅淡明快的浅绿松石蓝、浅水蓝适合鲜艳俏丽的时装和休闲装，而略深一些的蓝色如饱和度较高的皇家蓝、浅清海军蓝等，适合用于职场。穿蓝色时与暖灰、黄色相配为佳。在色彩搭配上应遵循鲜明、对比的原则来突出自己的俏丽。春季型人使用范围最广的颜色是黄色，可以多多使用，但要感觉明亮才算成功。

对春季型人来说，黑色将不再"安全"。过深、过重的颜色与春季型人白色的肌肤、飘逸的黄发间出现不和谐音，使春季型人十分黯淡。如果现有衣橱里还有深色服装，可以把春季色群中那些漂亮的颜色靠近脸部下方，与之搭配起来穿。

统一的浅淡色调，使画面和谐统一。淡色调的红点缀淡雅的绿、黄，优美而甜蜜的感觉体现出来，表现出女性的柔美和可爱。极为粉嫩的少女装色彩，是约会装的首选装扮。如同一位千娇百媚的初恋情人，魅力四射。

浅淡的杏色因为大量白色的添加，减弱了色相本身的能量，纤细柔和的属性给人强烈的印象。粉色中突显女性的优雅与柔美的魅力。设计师把这些新颖的立体褶裥用在整体廓型上，营造出轻巧的肌理感和立体效果。

大面积的淡黄色与亮丽的白色构成了服装的主调，表达出柔美、明快的感觉。浅淡的色调冲淡了黄色的跳动性，增加了一种流动和伶俐的气质。服装中采用明亮的淡黄色为主调，突显了春季型人活泼、开朗、明媚的气质。

春季型人所选择的服饰色调应该是带黄调的暖的、淡的、艳的，这组色调几乎满足了所有的要求。由明亮的白向黄、黄绿、绿的色彩渐变，协调而赋有变化，体现轻盈与柔美的魅力。

第四章 肤色与服色

2. 夏季型人

用蓝基调扮出温柔雅致的形象。

适合色的举例

配色要点

夏季型人适合以蓝色为基调的轻柔淡雅的颜色，如粉色、水蓝色、带有神秘感的薰衣草紫色等。此外，淡蓝色、正蓝色也能突出纯洁感。蓝色调的深浅程度应在深紫蓝色、淡绿松石蓝之间把握，深一些的蓝色可作大衣、套装，浅一些的蓝色可做衬衫、T恤衫、运动装或首饰的用色；夏季型人适合本白色，在夏天穿着本白色衬衫与天蓝色裤裙搭配有一种朦胧的美感；选择红色时，以玫瑰红色为主；夏季型人穿灰色非常高雅，但注意选择浅至中度的灰，不同深浅的灰与不同深浅的紫色及粉色搭配最佳。

在色彩搭配上，最好避免反差大的色调，适合在同一色相里进行浓淡搭配，或者在蓝灰、蓝绿、蓝紫等相邻色相里进行浓淡搭配；夏季型人最适合柔和且不发黄的颜色。选择黄色时，一定要慎重，应选择让人感觉稍微发蓝的浅黄色；夏季型人不适合穿黑色以及藏蓝色，过深的颜色会破坏夏季型人的柔美，可用一些浅淡的灰蓝色、蓝灰色、紫色来代替黑色，做上班的职业套装，既雅致又干练。

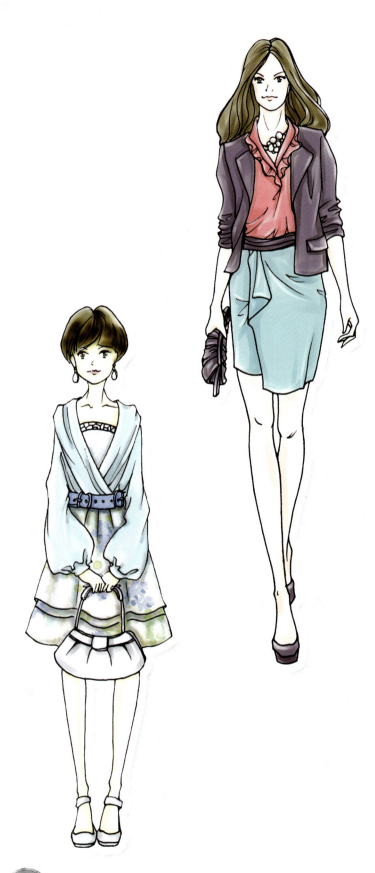

浅调的柠檬黄与蓝的组合色感强烈。但有大面积白色的加入,缓和了这组对比色相的较强对比,让色调变得更为清爽明朗,增添明亮、轻快的美感。

较为鲜明的玫红色"遭遇"浅淡明快的黄绿色,似山水画一般的飘逸,显示出夏季型人的温柔与恬静。明度较浅淡的玫红色是夏季型人的首选,能让肤色更有光泽,眼睛更为明亮。

轻柔淡雅的绿白色与偏红的兰花色搭配属于色相的较强对比,但这组色彩在高明度、低纯度的色调中,让娇媚和迷人的气息在大面积的色块中扑面而来,具有优雅、神秘的感觉。

偏冷偏浅的色调是最适合夏季型人的色彩基调。在外衣大面积浅茉莉色的主导下,与浅淡的蓝紫灰色调形成极为协调的效果。含蓄细腻的搭配关系,给人一种放松和温柔的感觉。

3. 秋季型人

用浑厚浓郁的金色调扮出成熟高贵的形象。

适合色的举例

配色要点

秋季型人的服饰基调是暖色系中的沉稳色调。浓郁而华丽的颜色衬托出秋季型人成熟高贵的气质。秋季型人较适合棕色、橙色、金色和苔绿色等深而华丽的颜色。秋季型的白色应是以黄色为底调的牡蛎色，与稍柔和的颜色搭配会显得自然而格调高雅；选择红色时，一定要选择砖红色和与暗橘红相近的颜色；秋季型人适合的蓝色是湖蓝色系，又名凫色，与秋季色彩群中的金色、棕色、橙色搭配可以烘托出秋季型人的稳重与华丽。此外，还有沙青色等纯度不强的颜色可供选择。

在服装的色彩搭配上，不太适合强烈的对比色，只有在相同的色相或相邻色相的浓淡搭配中才能突出华丽感。秋季型人穿黑色会显得皮肤发黄，秋季色彩群中的深砖红色、深棕色、凫色和橄榄绿都可用来替代黑色和藏蓝色；灰色与秋季型人的肤色排斥感较强，如穿用，一定挑选偏黄或偏咖啡色的灰色，同时注意用适合的颜色过渡搭配。

秋天是最浓郁的季节,满山遍野落叶随风飘舞,抬眼望去,大地一片金黄,所有的果实都熟了。服装上浓郁的草绿与深暗的橄榄绿组合,带出一丝古典的韵味。在绿色为主的服装中点缀上橘红色贝雷帽,这华丽深厚的色彩,正好体现秋季型女人所具有的气质。

强烈饱满的酒红色,有着沉稳、神秘的效果。仿佛红色经过漫长的时间和大地融为一体,并深深植根在土地中。尤其搭配复古的青铜色效果更加事半功倍,彰显出极其强烈的戏剧魅力。

类似橙色的搭配,通过色调不同的橙色进行穿插组合,服装在统一和谐的气氛中形成明度的层次变化。采用统一色相的优势就是在于能迅速地传递出秋天的丰收和富足的气息。

无彩色和高纯度橘黄色的搭配,通过纯度的强对比,使橘黄色更加艳丽和惹人眼球。同时,还采用浓郁的蓝色作色相的强对比,更增添视觉的冲击力,表现出一种异域风情的效果。

4. 冬季型人

用纯色调扮出冷峻惊艳的形象。

适合色的举例

配色要点

冬季型人最适合带有酷感的鲜明的颜色及华丽、锐利的原色。如以耀眼的红、绿、蓝、黑、白等为主色，冰蓝、冰粉、冰绿、冰黄等皆可作为配色点缀其间。冬季型人只有对比搭配，才能显得惊艳、脱俗。选择红色时，可选正红、酒红和纯正的玫瑰红；藏蓝色也是冬季型人的专利色，适合作套装、毛衣、衬衫、大衣的用色；在四季型人中，只有冬季型人最适合使用黑、白、灰这三种颜色，也只有在冬季型人身上，"黑白灰"这三个大众常用色才能得到最好的演绎，真正发挥出无彩色的鲜明个性。但一定要注意在穿着深重颜色的时候一定要有对比色出现；冬季型人适合纯白色。纯白色是国际流行舞台上的惯用色，通过巧妙的搭配，会使冬季型人奕奕有神；特别推荐黑色、深蓝色等基础色与亮丽的颜色搭配。如黑色与白色，黑色与玫瑰色系搭配，都能体现出冬季型人的都市时尚感。

千里冰封，万里飘雪。犹如冬季型人豪迈气势的写照。冬季型人最适合纯白色，纯白色是国际流行舞台上的惯用色，通过强烈的黑白对比，更加突显冬季型人奕奕有神的气质。

在四季型人中，只有冬季型人能将黑、白、灰这三种大众色演绎到最好，真正发挥出无彩色的鲜明个性。黑色、深蓝色等深色调有亮丽的白色点缀，最能体现冬季型人的都市时尚感。

明度的强对比让服装的效果更加开放，并拓展了想象的空间。艳丽的玫红色与神秘的黑色结合，突显了炫酷美人的亮丽与时尚感。

浓郁、纯正、强烈的群青色，充分表现出蓝色的深远，让冬季型人神秘的气质在服装中得到充分表现。给人一种奇异、高雅、大气的感觉。

05

第五章
场合与服装

在现代社会中,社交活动尤其频繁,参加晚宴、求职应征、与他人谈判、与女性朋友的咖啡时光、集体的户外活动等。在这些活动中,服装的色彩始终扮演着非常微妙的角色。用途将决定服装的造型、色彩及表现风格。因此,如何选择合适的色彩来装扮自己,已成为现代社交生活中不可忽视的一项能力。真正的搭配高手,会根据不同的场合,选择不同的搭配方式。在这里我们会按不同的场合介绍相应的搭配方案。

一 礼服

礼服用于出席正式或比较正式的场合，如在晚间举办的各类宴会、聚会，白天较正规的社交活动等，根据活动的主题不同，着装风格也应有所差别。女装晚礼服是女装百花园中开得最妖娆艳丽的花朵，具有雍容华贵的特点。有的高贵典雅，有的富丽堂皇，有的奇特夸张，风格面貌各异，内涵极为丰富，穿着者的身材、肤色、气质是重要的设计条件。在日常生活中，礼服的形式正在逐渐简化，小礼服成为现代女性必备的着装。

二 约会装

　　粉红色调与淡紫色调被认为是与情人约会中最适合表达爱意的色彩，除了它本身所传达的浪漫气氛外，柔和的色彩特征正可表现女性温柔、楚楚可人的气质，但在一般普通朋友的约会中，不要任意使用，以免产生误会。平常的聚会，应以高雅的装扮为宜，若能根据约会对象、聚会性质来选择合适的色彩，相信对聚会的愉快气氛会有很大的帮助。另外，饰品的搭配也应格外细心，若能在服装的重点部位添加闪烁耀眼的饰品，可随身体的移动将强调效果发挥到极致。

三、上班装

　　这里指的不是职业服装或工作服，而是指日常上班时的着装。上班服的特点是具有一定的局限性，它受到工作环境、工作身份的制约，追求端庄、大方、优雅的风格。不要过于强调女性的妩媚与可爱，要体现出工作中的信任感。一般来讲，上班服的色彩以中性为主，对比柔和，过渡自然。虽然是在同一家公司，由于部门的不同也会有不同的色彩气氛。如在营业部，则明朗、活泼、具亲和力的色调最适宜；如在财务部，为表现严谨与理性，不妨以深蓝、灰色为主；如在企划部，为了符合自由创造的特征，红色、黑色、黄色、紫色都是相当合适的颜色。

191

第五章 场合与服装

四 休闲装

　　休闲服用于休息、度假、一般娱乐时穿着的服装,具有的活泼、随意的风格。无论是到多彩多姿的百货公司中闲逛、购物,或是参观各种艺术展览以及外出郊游,都要视地点、性质装扮自己。如在团体郊游时,不妨以明朗活泼的色调来装扮,鲜艳的色彩、高明度的色系,都是促进愉快心情与气氛的最佳催化剂。漫步在喧闹的都市或在茶楼、咖啡馆会友,又可选用中性柔和的色彩组合,让人充分享受闲暇的乐趣。

五 职业装

　　职业装包括制服与工作服，设计时不仅要考虑到职业的特点、性质，还要表现出实用、美观的效果。制服应用范围通常有军队、司法机关以及一些服务行业，如民航、铁路、宾馆、餐馆等。这类服装以各自不同的需要来确定其标识性、象征性，以醒目的色彩、一目了然的标志，形成独有的形象效果，并且制服的形象效果要与单位的形象标志相统一，以便于人们识别。

第五章 场合与服装

六 工作服

工作服是用于生产劳动中穿着的服装,特点是造型、面料及配色要根据不同的工作性质和劳动环境而变化,具有防护、安全的作用。色彩的选择也要具有实际意义,比如建筑工人橙色或黄色的安全帽,而医务人员显示清洁、镇定的白色工作服。随着社会的发展,时尚元素也更多地融入以实用功能为前提的工作服中,表现出劳动者的美感。

七 家居服

　　以家庭时尚为主题的家居服，既要体现舒适、温馨、自由、轻松的情调，又要与家居环境相协调。其种类也越来越丰富了，包括了：睡衣、居家服、社区休闲（运动）服、厨艺服、园艺服……在家休闲的惬意时光中，选择让人心情放松的休闲色彩是关键。无论是在家附近随意地散步，还是在家接待客人，充分展示最完美的自我造型。因为是在家中，就选择自己最喜欢的式样和色彩吧！

八 运动休闲装

运动服包含两种类型的服装：一种是从事各种体育活动时穿着的服装；另一种是人们日常运动、锻炼、健身时穿着的服装。专业运动服在造型、用料上都有特定的标准。而日常运动装属于比较大众化的类型，造型舒适，便于动作，色彩选择明快的亮色或是沉稳的中性色，能够适宜人们多种锻炼、健身以及旅游休闲的需要。

参考文献

[1] ArtTone视觉研究中心编著．协调色配色宝典．北京：中国青年出版社，2008．

[2] [韩]崔京源著．红色范思哲灰色阿玛尼：跟大师学色彩搭配．傅文惠译．北京：中国纺织出版社，2009．

[3] [日]武腾美和著．色彩搭配SHOW．《瑞丽》杂志社编译．北京：中国轻工业出版社，2008．